量子效应和宇宙的演化

何东山　蔡庆宇　著

西安电子科技大学出版社

内 容 简 介

本书从量子宇宙学的角度研究了宇宙的量子效应及其对宇宙演化的影响，包含了近年来作者和合作者以及国内外同行在量子宇宙学方面的一些成果和进展。基于这些成果，本书给出了宇宙自发产生于无的数学证明，研究了宇宙中物质的来源，提出了宇宙波函数的动力学解释，并且在小超空间模型下证明了宇宙学量子势无法充当暗能量推动当今宇宙加速膨胀等内容。全书包括爱因斯坦场方程与经典宇宙学、量子宇宙学、量子效应导致宇宙自发产生、宇宙波函数的动力学解释、量子势与暗能量、暴胀产生粒子等六章。

本书适合对宇宙学感兴趣的物理学专业的本科生和研究生以及从事量子宇宙学研究的科研人员阅读。

图书在版编目(CIP)数据

量子效应和宇宙的演化/何东山，蔡庆宇著. —西安：西安电子科技大学出版社，2023.4
ISBN 978-7-5606-6757-7

Ⅰ. ①量…　Ⅱ. ①何… ②蔡　Ⅲ. ①量子效应-影响-宇宙-天体演化
Ⅳ. ①P159.3

中国国家版本馆 CIP 数据核字(2023)第 028723 号

策　　划　戚文艳
责任编辑　阎　彬
出版发行　西安电子科技大学出版社(西安市太白南路 2 号)
电　　话　(029)88202421　88201467　　邮　　编　710071
网　　址　www.xduph.com　　电子邮箱　xdupfxb001@163.com
经　　销　新华书店
印刷单位　西安创维印务有限公司
版　　次　2023 年 4 月第 1 版　2023 年 4 月第 1 次印刷
开　　本　787 毫米×1092 毫米　1/16　印张　5.5
字　　数　125千字
印　　数　1～1000 册
定　　价　24.00 元
ISBN 978-7-5606-6757-7/P

XDUP 7059001-1

前　言

关于宇宙的起源及宇宙如何演化的问题，自古以来就吸引着无数科学家和哲学家去研究和探索。各个时代的哲学家、宗教学家、科学家都曾得出过各自的结论。1687 年，牛顿提出的万有引力定律，首次揭开了行星运动之谜，奇迹般地预言了海王星和冥王星的存在并被天文观测所证实。但牛顿引力理论的局限也日益引起学者们的重视，因为它无法解释天文学家观测到的水星近日点的进动，也无法用于研究宇宙(用牛顿引力理论研究宇宙会导致著名的 Newman 疑难)。

实际上，对宇宙的研究直到 20 世纪之后才正式进入科学的领域。一方面因为爱因斯坦提出的广义相对论为研究宇宙提供了最重要的基础理论，高能物理学的发展也为研究宇宙中物质产生及相互作用过程提供了重要工具。另一方面，由于实验技术的快速发展，人们对宇宙的观测在空间和时间上越来越广，数据的采集也越来越精确和全面，为宇宙学的发展提供了重要的实验数据支撑。

如今，随着科学技术和社会生产力的进一步发展，更多已经完成和正在进行的天文观测让我们对宇宙有了更深入的了解。例如，宇宙微波背景探测器(COBE)、哈勃空间望远镜(HST)、威尔金森宇宙微波背景各向异性探测器(WMAP)、普朗克巡天者、宇宙泛星系偏振背景成像望远镜(BICEP)等观测装置提供的更加精确的数据将有助于解开暗物质、暗能量等谜题，促进我们对宇宙起源的探索甚至将推动量子引力及大统一理论的发展。现代宇宙学特别是量子宇宙学将继续作为自然科学研究中的一个重要前沿阵地，吸引着越来越多人的兴趣。

本书中，作者结合量子轨道理论和量子宇宙学研究了宇宙的起源问题；通过对宇宙量子效应的研究，探讨了宇宙量子势是否可以作为暗能量推动宇宙加速膨胀。本书的主要创新性工作包括以下几个方面。

(1) 将德布罗意-玻姆量子轨道理论应用于量子宇宙学，结合惠勒-德威特方程，首次给出了宇宙自发地产生于无的数学证明。当选择合适的算符次序参数时，惠勒-德威特方程的解表明：一旦假真空由于量子涨落产生了一个小真空泡，无论它的时空是封闭、平坦还是开放的，它都将迅速地以指数级膨胀，从而产生早期宇宙。我们发现量子势扮演着宇宙学常数或者慢变标量场的角色，它推动了早期宇宙的指数加速膨胀。宇宙长大后，量子效应减弱，暴胀结束。因此，早期宇宙的产生完全取决于其自身的量子效应。

(2) 研究了暴胀时期粒子的产生过程，发现暴胀时期产生的粒子足以使宇宙再加热，这些粒子也是现在宇宙中物质的来源。我们对指数加速膨胀时空进行坐标变换，利用隧穿的方法计算了粒子在宇宙视界处的产生率，得到暴胀时期霍金辐射的温度正比于暴胀时期的哈勃参数，因此暴胀结束时宇宙具有很高的能量密度。计算结果表明暴胀时期产生的粒子有能力再加热宇宙并作为现在宇宙中物质的来源。

(3) 提出了宇宙波函数的动力学解释，认为在小超空间模型下，宇宙的概率密度反比于宇宙的哈勃参数。因此，宇宙的概率密度应该表示在整个宇宙演化过程中宇宙所处状态的概率。本书利用波函数的动力学解释证明了惠勒-德威特方程在经典极限下可以给出经典宇宙的演化规律，它满足经典量子对应。同时，在本书对波函数动力学的解释中，量子宇宙学中长期存在的由于算符次序模糊性而引入的参数的取值问题得到了解决，这里我们要求宇宙概率密度在宇宙任何时期都有限，给出了算符次序参数的约束。

(4) 从量子宇宙学的基本方程惠勒-德威特方程出发，使用德布罗意-玻姆量子轨道理论，通过对广义相对论的量子化，给出了带有量子修正的弗里德曼方程，运用该方程依次研究了宇宙从小到大过程中量子效应的变化，有效地排除了宇宙学量子势作为暗能量的可能性，并对标量场作为暗能量候选给出了理论限制，为进一步研究暗能量的性质聚焦了方向。

本书内容是根据何东山博士和蔡庆宇研究员合作完成的科研工作整理而成的。何东山负责本书的具体撰写，蔡庆宇负责本书框架设计和最终版本的修订工作。感谢陈炜、段世萍两位同学帮助编辑书中的公式。本书的出版得到了咸阳师范学院重点学科建设经费、专业建设经费和科研项目经费资助。

限于著者水平，如有不妥之处，敬请谅解。

著　者

2022 年 11 月

目　　录

第 1 章　爱因斯坦场方程与经典宇宙学

1.1　爱因斯坦场方程

分析力学中的最小作用量原理是一种变分原理，对一个机械系统的作用量求变分，可以得到此机械系统的运动方程。对最小作用量原理的研究导出了经典力学的拉格朗日表述和哈密顿表述，卡尔·雅可比特称最小作用量原理为分析力学之母。最小作用量原理在现代物理学里也非常重要，它在相对论、量子力学、量子场论里都有广泛的应用。

本节将由引力场的变分原理得到爱因斯坦场方程。为了使所得到的场方程具有协变性，最好的途径是由变分原理出发进行推导。

引力场的作用量是希尔伯特作用量：

$$S = S_g + S_m = \int (L_g + L_m)\sqrt{-g}\,\mathrm{d}^4 x \tag{1.1}$$

式中：L_g 表示引力场的拉格朗日函数；L_m 表示除引力场之外所有其他场的拉格朗日函数。其中 L_g 的表达式为

$$L_g = R$$

其中，R 为里奇曲率标量。将总的作用量对度规做变分就得到了爱因斯坦场方程，变分原理可以表示为 $\delta S=0$，首先计算引力部分的变分 δS_g：

$$\begin{aligned}
\delta S_g &= \delta\int R\sqrt{-g}\,\mathrm{d}^4 x = \delta\int g^{\mu\nu}R_{\mu\nu}\sqrt{-g}\,\mathrm{d}^4 x \\
&= \int \delta(\sqrt{-g})R\,\mathrm{d}^4 x + \int \sqrt{-g}\,\delta(R_{\mu\nu}g^{\mu\nu})\,\mathrm{d}^4 x \\
&= \int\left[R\frac{\sqrt{-g}}{2}(-g_{\mu\nu})\delta g^{\mu\nu} + \sqrt{-g}R_{\mu\nu}g^{\mu\nu} + \sqrt{-g}g^{\mu\nu}\delta(R_{\mu\nu})\right]\mathrm{d}^4 x \\
&= \int \sqrt{-g}\left[R_{\mu\nu}\delta g^{\mu\nu} - \frac{R}{2}g_{\mu\nu}\delta g^{\mu\nu} + g^{\mu\nu}\delta R_{\mu\nu}\right]\mathrm{d}^4 x
\end{aligned}$$

上式积分中的第三项 $g^{\mu\nu}\delta R_{\mu\nu} = \nabla_\rho(g^{\mu\nu}\delta\Gamma^\rho_{\nu\mu} - g^{\nu\rho}\delta\Gamma^\lambda_{\lambda\mu})$ 是一个全微分，而全空间的积分转化成无穷远边界处的面积分，令无穷远处面积分元为零，则这项对积分的贡献为零，所以引力部分的变分可以化简为

$$\delta S_g = \int \sqrt{-g}\left[R_{\mu\nu}\delta g^{\mu\nu} - \frac{R}{2}g_{\mu\nu}\delta g^{\mu\nu}\right]\mathrm{d}^4 x \tag{1.2}$$

又因为能量-动量协变张量 $T_{\mu\nu}$ 为

$$T_{\mu\nu} = \frac{2}{\sqrt{-g}}\left\{\frac{\partial(\sqrt{-g}L_m)}{\partial g^{\mu\nu}} - \left[\frac{\partial(\sqrt{-g}L_m)}{\partial g^{\mu\nu}_{,\lambda}}\right]_{,\lambda}\right\}$$

则可以得到物质场部分的变分为

$$\delta S_m = -k\int \sqrt{-g}\,T_{\mu\nu}\delta g^{\mu\nu}\mathrm{d}^4 x \tag{1.3}$$

其中，$k=8\pi G/c^4$ 为爱因斯坦引力常数。将式(1.2)和式(1.3)代入式(1.1)可以得到引力系统总作用量的变分为

$$\delta S = \int \sqrt{-g}\left[R_{\mu\nu} - \frac{R}{2}g_{\mu\nu} - kT_{\mu\nu}\right]\delta g^{\mu\nu}\mathrm{d}^4 x$$

令 $\delta S=0$，由于 $\delta g^{\mu\nu}$ 可以任意取值，因此要求上式中的被积分函数为零，即

$$R_{\mu\nu} - \frac{R}{2}g_{\mu\nu} = \frac{8\pi G}{c^4}T_{\mu\nu} \tag{1.4}$$

方程(1.4)是广义相对论用以定量描述引力、时空和物质的统一性的方程，称为爱因斯坦引力场方程。这个方程式的左边表达的是时空的弯曲情况，右边则表达的是物质在引力场中的运动。惠勒-德威特对爱因斯坦场方程有句著名的描述：“物质告诉时空怎么弯曲。时空告诉物质怎么运动。”它把时间、空间和物质、运动这四个自然界最基本的物理量联系了起来，具有非常重要的意义，在宇宙学研究中具有重要作用。

爱因斯坦的引力场方程是一个二阶非线性偏微分方程组，数学上想要求得方程的严格解是一件非常困难的事，目前只能得到一些具有特定对称性的方程的解。爱因斯坦场方程满足对应原理：在弱场以及慢速近似条件下，爱因斯坦场方程退化为牛顿引力定律。其中场方程中的比例常数是经过这两个近似，与牛顿引力理论做联结后所得出的。

从实验角度来说，宇宙学的研究不同于其他学科，因为宇宙学的研究对象独一无二，且宇宙的演化只发生过一次。因此，人们无法像研究其他对象一样重复地做实验来研究其规律，而只能通过大量的观测来积累数据，然后基于现有理论构造模型来解释观测数据，并利用最符合观测数据的模型来推断过去、预测未来。历史上曾有大量宇宙学模型被提出，唯有基于爱因斯坦场方程的大爆炸理论得到了当今科学研究和天文观测数据最广泛且最精确的支持。由于大爆炸模型取得了巨大成功，它也常被称为宇宙学的标准模型(Standard Model)。随着理论的发展和观测数据的丰富，标准模型也曾不断被修改。对标准模型的第一个重要修改是在极早期宇宙中插入“暴胀”阶段；另一个重要修改是在1998年发现宇宙加速膨胀之后，宇宙学常数再次被引入爱因斯坦场方程中，即包含冷暗物质、暗能量的ΛCDM模型。

1.2　宇宙学原理

宇宙学原理(Cosmological Principle)是宇宙学的一个基本假设，它的基本内容是：在宇宙学尺度上，任何时刻，宇宙三维空间均匀且各向同性。它的含义是：

(1) 在宇宙学尺度上，空间中任意两点在物理上是不可分辨的，其密度、压强(由 $T_{\mu\nu}$ 描述)、曲率(由 $g_{\mu\nu}$ 描述)都是完全相同的。但同一点在不同时刻的各种物理量却可以不同，所以宇宙学原理容许存在宇宙演化。

(2) 宇宙中各处的观测者观察到的物理量和物理规律是完全相同的，没有任何一个观测者是特殊的。宇宙中处处有完全相同的宇宙图景。

(3) 它不适用于宇宙的细节，而只适用于对直径为$10^8\sim10^9$光年的区域平均后得到的“抹匀的”宇宙。

提出宇宙学原理的主要依据有两个方面。一是人们在地球上的观测发现在不小于10^8光年的天区范围内，星系的分布、射电源计数以及微波背景辐射等基本上都是均匀和各向同性的；二是"哥白尼原理"的推广，哥白尼推翻了托勒密的地心说，认为地球不是宇宙的中心，它的一个自然推广是宇宙中不存在一个特殊的观测者，不存在任何中心。

需要注意的是，宇宙学原理只是为了研究宇宙学提出的一个基本假设，宇宙不是均匀和各向同性的可能性依然存在。当然宇宙学原理是否很好地符合客观实际，仍有待进一步的实践检验。目前我们可以把它当作一个实验假设来对待。另外，坚持宇宙学原理的真正理由，并不在于它肯定是正确的，而是只有运用宇宙学原理才允许我们将极为有限的天文学观测资料提供给宇宙论。如果我们想在非各向同性的模型中采取较弱的假设，那么度规就包含了过多的未知数，使场方程难以求解。

1.3　Robertson-Walker 度规

根据宇宙学原理，宇宙的空间具有最高对称性，而具有最高对称性的空间应是一个三维常曲率空间。因此，满足宇宙学原理的空间为三维常曲率空间。符合宇宙学原理的四维时空度规为 Robertson-Walker 度规（简称 RW 度规，由于地理及历史的原因，这个度规也常被称作 Friedmann-Robertson-Walker（FRW）度规或者 Friedmann-Lemaitre-Robertson-Walker（FLRW）度规或者 Friedmann-Lemaitre（FL）度规），其形式为

$$ds^2 = g_{\mu\nu}dx^\mu dx^\nu = dt^2 - a^2(t)\left[\frac{dr^2}{1-kr^2} + r^2(d\theta^2 + \sin^2\theta d\varphi^2)\right]$$

式中：$a(t)$是时间的未知函数，由爱因斯坦场方程决定，它反映任意两星系之间距离随时间的变化情况，因此称为宇宙的尺度因子（Scale Factor）；k 是一常数，适当地选择 r 的单位可以使 k 的取值为 1，0 或 -1，其中 $k=1$ 时空间为球面，$k=0$ 时空间为平面，$k=-1$ 时空间为双曲面；$\boldsymbol{g}_{\mu\nu}$ 表示 4 维时空度规的矩阵，一般也称为度规，在 RW 度规中其形式为

$$\boldsymbol{g}_{\mu\nu} = \begin{pmatrix} 1 & & & \boldsymbol{0} \\ & -\dfrac{a^2}{1-kr^2} & & \\ & & -r^2a^2(t) & \\ \boldsymbol{0} & & & -r^2\sin^2 a^2(t) \end{pmatrix}$$

式中，非对角元素都为零。在相对论中常出现两种不同的号差，即度规的对角元素的符号之和为-2或 2。不同的文献和参考书中经常采用不同的号差，注意当号差改变时，$R_{\mu\nu}$与$T_{\mu\nu}$符号不发生改变，而 $g_{\mu\nu}$，R 和 $T^{\mu\nu}$ 的符号发生改变。其中，$T_{\mu\nu}$为逆变张量。

考虑宇宙时 t 不变的三维空间的几何性质，度规 $g_{\mu\nu}$ 的空间分量是

$${}^3g_{rr} = \frac{a^2}{1-kr^2},\quad {}^3g_{\theta\theta} = r^2a^2(t),\quad {}^3g_{\phi\phi} = r^2\sin^2 a^2(t)$$

上式表明，三维标量曲率是

$${}^3k(t) = \frac{k}{a^2(t)}$$

对于 $k=0$ 和 $k=-1$，空间无限也没有边界，空间体积无限大且空间内任一测地线均可在两

端无限延伸。而对于 $k=1$，空间是有限无界的，空间内任一测地线均可在两端无限延伸但空间体积有限，其固有体积是

$$^3V = 2\pi^2 a^3(t)$$

其中，$k=1$ 的宇宙空间可以看作四维 Euclid 空间中半径为 $a(t)$ 的球面，所以 $a(t)$ 可以合理地理解成"宇宙的半径"。然而对 $k=0$ 和 $k=-1$ 的宇宙无法做出这样的解释，但 $a(t)$ 仍然决定空间的尺度。

需要注意的是，FRW 度规仅从宇宙学原理就可以得到，因此任何承认宇宙学原理的宇宙模型，其度规一定是这种形式而与具体的引力理论无关。此度规含有一个未定函数 $a(t)$ 和一个未定参数 k，宇宙学原理无法确定这两个参量，它们由爱因斯坦场方程、物态方程和观测事实确定。

宇宙学中常会出现多种距离与速度的描述，下面我们对这几种常用的距离与速度概念加以说明。

(1) 坐标距离(Coordinate Distance)：用坐标量即度规中 (t, r, θ, ϕ) 表示的距离，在广义相对论中坐标量仅是一种对时空的标记，它们本身没有测量上的意义。

(2) 固有距离(Proper Distance)：从某一星体发射一束光经过 Δt 时间后到达另一星体，则两个星体之间的固有距离为 $D=\Delta tc$。固有距离具有可测量意义，在经典情况下即普通的距离，可以表示为

$$D(t) = a(t)\int \frac{\mathrm{d}r}{\sqrt{1-kr^2}} = a(t)\chi \tag{1.5}$$

(3) 共动距离(Comoving Distance)：广义相对论允许物理定律采用任意坐标，使用其中的某些坐标处理问题时会比较简便，共动距离就是其中的一个例子。其定义为

$$\mathrm{d}\chi = \frac{\mathrm{d}r}{\sqrt{1-kr^2}}$$

共动距离不随时间变化(忽略局部引力的影响)，只与坐标有关。若空间平直($k=0$)，则共动距离和坐标距离相同：$\mathrm{d}\chi=\mathrm{d}r$。当我们关心宇宙大小如何演化时，从 $D(t)=a(t)\chi$ 可以看出，只需了解函数 $a(t)$ 即可。

拿一根橡皮筋举例子，我们可以在原长 D_0 为 5 cm 的橡皮筋上每隔 1 cm 取个点并标记上 0，1，2，3，4，5。即橡皮筋的坐标距离也是共动距离(一维无曲率)，当橡皮筋被均匀拉伸 $a(t)$ 倍时，上面的点之间的距离均匀增加，标记(共动距离)没有变。若开始时刻取共动距离等于橡皮筋原长，则橡皮筋现在的长度 $D(t)=a(t)D_0=a(t)\chi$，此时知道 $a(t)$ 就完全知道橡皮筋长度的变化了。

(4) 退行速度(Recession Velocity)和特殊速度(Peculiar Velocity)速度：对固有距离表达式(1.5)关于时间求导数，我们可以得到任意一星体的速度为

$$v_{\text{tot}} = \dot{D} = \dot{a}(t)\chi + a(t)\dot{\chi}$$

定义：

$$v_{\text{pec}} = a(t)\dot{\chi}, \quad v_{\text{rec}} = \dot{a}(t)\chi$$

其中，退行速度 v_{rec} 体现了宇宙膨胀引起的星体运行速度，v_{pec} 则体现了由星体附近其他星体的引力作用引起的速度(例如月亮绕着地球转动，地球绕着太阳转动等)。因此，若要了

解宇宙大尺度的膨胀效应需要关心星体的退行速度 v_{rec}。v_{pec} 与 v_{rec} 无法区分，但 v_{pec} 与距离成正比。近距离时 $v_{\text{pec}} > v_{\text{rec}}$，远距离时 $v_{\text{pec}} < v_{\text{rec}}$，因此我们要得到宇宙膨胀的精确信息需要观测遥远星系的红移。

1.4 红　　移

遥远星系相对观测者的退行速度是通过观测遥远星系发出的光线的频率移动而得到的。为了计算这种频移与尺度因子之间的关系，将自己置于坐标原点 $r=0$ 处，并考虑以固定的 θ 和 φ 沿 $-r$ 方向传来的一列电磁波，由 RW 度规可知，其中某个给定的波峰的运动方程为

$$0 = \mathrm{d}t^2 - a^2(t)\frac{\mathrm{d}r^2}{1-kr^2}$$

根据上式计算出遥远光源发射光子的周期和地球上观测者接收到该光波的周期，就可计算出该光源的红移量为

$$z \equiv \frac{\lambda_{\text{ob}} - \lambda_{\text{em}}}{\lambda_{\text{em}}} = \frac{a(t_{\text{ob}})}{a(t_{\text{em}})} - 1 \tag{1.6}$$

其中，t_{ob} 是指光从光源发射的时刻，t_{em} 指地球上观测者接收光的时刻。因此 t_{ob} 早于 t_{em}，并有

$$\frac{a(t_{\text{ob}})}{a(t_{\text{em}})} = z + 1$$

从上式可看出，如果观测到星系发出的光线红移($z>0$)，表明 $a(t)$ 是增函数，则宇宙膨胀；若为蓝移($z<0$)，表明 $a(t)$ 是减函数，则宇宙收缩。

关于红移的几点说明：

(1) 红移的定义式(1.6)仅仅由 RW 度规推导得到，红移是由于宇宙膨胀引起的，不同于相对运动的多普勒效应。

(2) 星体会受到其附近星体的引力作用而产生特殊速度，星体的这种运动的多普勒效应可能会产生红移或者蓝移。引力红移与多普勒红移无法区分，但是引力红移随着距离的增加而增加，而多普勒红移与距离无关。因此，要了解宇宙的膨胀，应选择遥远星系的红移。

(3) 某一星体的红移越大，说明该星体距离我们越远，其发出的光需用更长的时间到达地球，我们看到的是该星体很久以前发出的光。

1.5　标准宇宙模型的建立与求解

1917 年爱因斯坦发表了他的第一篇关于宇宙学的论文“Cosmological Considerations of the General Theory of Relativity”，首次将广义相对论应用于对宇宙的研究，开创了现代宇宙学。在爱因斯坦建立广义相对论之前，人们也曾将牛顿的万有引力理论应用于宇宙的研究中。根据牛顿引力理论，任何物质之间的万有引力相互作用总是吸引的，那么由于引力作用，有限空间的宇宙必然是不稳定的，它将不可避免地发生坍缩。而只有无限大的宇宙才

能避免坍缩，因此牛顿的无限的、绝对的时空观被人们广泛接受。虽然人们也曾发现牛顿的这种宇宙观存在一些矛盾，比如，对于无限大的宇宙会存在奥尔勃斯佯谬(即夜晚为什么会黑的问题)，但是人们并没有怀疑静态宇宙论的正确性。爱因斯坦也受到了这种观念的影响，为了得到一个静态、不变的时空，爱因斯坦修改了引力场方程，在引力场方程中加入了一个常数 Λ(称为宇宙学常数)，这个常数不破坏爱因斯坦场方程的协变性而且可以产生斥力，因此他得到了一个宇宙有限且静态的解，即我们可能生活在一个有限无边的静态空间内，这样利用广义相对论就解决了奥尔勃斯佯谬。

早在 1922 年弗里德曼(Alexander Friedmann)就得到了爱因斯坦场方程的动态时空解，根据他的计算，宇宙将先膨胀后收缩。1927 年勒梅特(Lemaitre)也提出宇宙大尺度空间随着时间膨胀的思想。但是由于当时缺少观测资料，以及人们普遍接受静态宇宙的观点，动态解并没有受到人们的重视。爱因斯坦也错过了预言宇宙膨胀的机会，在哈伯提出了支持宇宙正在膨胀的天文观测结果后，爱因斯坦放弃宇宙学常数，并称引入宇宙学常数是他“一生中最大的错误”。然而，宇宙学常数的问题并没有因为他放弃 Λ 而结束，宇宙学常数在历史上曾几起几落，直到今天它依然是物理学中的一个难题。

1929 哈勃(Edwin Powell Hubble)通过对来自遥远星系光线的测量发表了著名的哈勃定律，即来自遥远星系光线的红移(即星系的视向速度)与该星系离观测者的距离成正比。哈勃定律用方程表示为 $v=H_0d$，式中 H_0 为哈勃常数，v 表示星系的视向速度，d 是星系与观测者的距离。哈勃定律表明宇宙正在膨胀。但是由于当时实验观测给出的哈勃常数太大($H_0\approx530$ km/s/Mpc)，导致通过广义相对论得到的宇宙年龄小于已知地球的年龄(地球的年龄由放射矿物推断，这种方法是可靠的，如果宇宙学理论与之冲突，说明该宇宙学理论不成立)，这使得基于广义相对论的宇宙论陷入困境。为了摆脱这个困难，这个时期又有一些宇宙模型被提出来，其中比较有影响的模型是 Bondi-Gold 模型。Hermann Bondi 和 Thomas Gold 提出了“完全宇宙学原理”，即宇宙不仅在所有点和所有方向上，而且在所有时间上看起来都是相同的，因此宇宙是静态的。Bondi-Gold 模型是哈勃定律被发现之后的第一个静态宇宙模型。这个宇宙模型中宇宙的尺度因子随时间指数增长，因此该模型满足哈勃定律；但是新增长出来的空间中会不断地产生新的星系，用以保持单位固有体积内星系的平均数目不变，因此宇宙看起来是静态的，这样便不存在宇宙年龄的问题了。另一个重要的理论发展是伽莫夫(G. Gamow)结合广义相对论和核物理理论于 1948 年提出的大爆炸模型。大爆炸模型认为宇宙是在过去有限的时间之前，由一个密度极大且温度极高的太初状态演变而来的，并经过不断的膨胀到达今天的状态。伽莫夫是研究核物理学的科学家，他认为宇宙中的物质起源与大爆炸之后宇宙高温高密的状态有关，通过计算他得到了两个非常重要的预言：

(1) 宇宙早期产生的氦元素丰度按重量记约为 25%；

(2) 早期高温的物质随着宇宙的膨胀逐渐冷却，电子和原子核结合成为原子之后光子与物质退耦，宇宙对于光子变得透明，辐射在宇宙空间中得以相对自由地传播，到现在这个残留的辐射(宇宙微波背景辐射)温度大约为 10 K。

1965 年，美国贝尔电话公司的彭齐亚斯和罗伯特·威尔逊建立了一台喇叭形状的天线(这个天线是为了接收“回声”卫星的信号而建立的)。为了检测这台天线的噪声性能，他们将天线对准天空方向进行测量。他们发现，在波长为 7.35 cm 的地方一直有一个各向同性的信号存在，这个信号既没有昼夜的变化，也没有季节的变化，因而可以判定与地球的公转和自转无关。在排除各种其他因素后，他们发表了题为《在 4080 兆赫处剩余天线温度的测量》的论文，正式宣布了这个发现(彭齐亚斯和威尔逊因此获得了 1978 年的诺贝尔物理学奖）。同时迪克(Dicke)、皮伯斯(Peebles)、劳尔(Roll)和威尔金森(Wilkinson)在同一杂志上发表了题为《宇宙黑体辐射》的论文，说明了这个测量的物理意义，即：这个额外的辐射就是伽莫夫的大爆炸理论所预言的宇宙微波背景辐射。另一方面，这一时期人们对哈勃参数更精确的测量表明早期测得的哈勃常数过大，因此大爆炸理论中不再存在宇宙年龄的问题了；同时期的天文观测也表明宇宙中的确普遍存在着丰度约为 20%～30%的氦元素。宇宙微波背景辐射的发现在近代天文学上具有非常重要的意义，它是建立在广义相对论基础上的大爆炸模型的一个强有力的证据。自此大爆炸模型被绝大多数物理学家与天文学家所接受，被称为宇宙学的标准模型。

大爆炸宇宙模型的理论涉及宇宙起源、宇宙膨胀、物质的来源、宇宙演化等内容。标准宇宙学模型(ΛCDM 模型)以广义相对论及宇宙大爆炸为基础，描述了一个包含宇宙学常数 Λ(暗能量)、冷暗物质(CDM)的宇宙。简单的 ΛCDM 模型基于六个参数：物理重子密度参数、物理暗物质密度参数、宇宙的时代、标量光谱指数、曲率波动幅度和电离光学深度。该模型是目前可以解释微波背景辐射的存在及其结构、大尺度结构中星系的分布、元素丰度、宇宙加速膨胀等观测结果的最简单的宇宙模型。目前该理论得到了主流科学界的认同和支持，成为与各学科相互辉映的一个科学理论体系。

标准模型的理论基础是爱因斯坦场方程：

$$R_{\mu\nu} - \frac{1}{2}g_{\mu\nu}R + \Lambda g_{\mu\nu} = 8\pi G T_{\mu\nu} \tag{1.7}$$

其中，$R_{\mu\nu}$ 是从黎曼张量缩并而成的里奇张量(Ricci Curvature Tensor)，表示时空的曲率；R 是从里奇张量缩并而成的标量曲率(或叫里奇标量)；$g_{\mu\nu}$ 是(3+1)维时空的度规张量(Metric Tensor)；$T_{\mu\nu}$ 是能量-动量协变张量(Stress-energy Tensor)；G 是万有引力常数；Λ 是宇宙学常数。

从方程(1.7)可以看出，方程的左边依赖度规及其一阶、二阶导数的张量，由 RW 度规的 $g_{\mu\nu}$ 决定。RW 度规的非零分量为

$$g_{00} = 1, \quad g_{rr} = -\frac{a^2}{1-kr^2} \tag{1.8}$$

$$g_{\theta\theta} = -r^2a^2(t), \quad g_{\phi\phi} = -r^2\sin^2 a^2 \tag{1.9}$$

度规张量和克氏符号之间的关系为

$$\Gamma^{\sigma}_{\mu\nu} = \frac{1}{2}g^{\sigma\rho}(g_{\rho\mu,\nu} + g_{\nu\rho,\mu} - g_{\mu\nu,\rho}) \tag{1.10}$$

克氏符号与里奇张量之间的关系为

$$R_{\mu\sigma} = \Gamma^{\nu}_{\mu\rho} - \Gamma^{\nu}_{\nu\sigma,\mu} + \Gamma^{\lambda}_{\mu\sigma}\Gamma^{\nu}_{\lambda\nu} - \Gamma^{\lambda}_{\nu\sigma}\Gamma^{\nu}_{\lambda\mu} \tag{1.11}$$

根据式(1.8)～式(1.11)，可以得到非零的里奇张量为

$$R_{tt} = -\frac{3\ddot{a}}{a}, \quad R_{rr} = \frac{2k + 2\dot{a}^2 + a\ddot{a}}{1-kr^2}$$

$$R_{\theta\theta} = r^2(2k + 2\dot{a}^2 + a\ddot{a}),\quad R_{\phi\phi} = r^2\sin\theta^2(2k + 2\dot{a}^2 + a\ddot{a})$$

对里奇张量缩并可以得到里奇标量为

$$R = g^{\mu\nu}R_{\mu\nu} = -\frac{6(k + \dot{a}^2 + a\ddot{a})}{a^2}$$

因此从 FRW 度规式(1.8)、式(1.9)出发，根据式(1.10)和式(1.11)，我们可以将爱因斯坦场方程的左边用 $g_{\mu\nu}$ 表达。

爱因斯坦场方程右边为宇宙内容物(contents)的能量-动量张量 $T_{\mu\nu}$，为了得到宇宙内容物的能动张量，我们首先了解一下宇宙内容物的组成。宇宙的内容物可分为两大类：静止质量非零的粒子构成的内容物称为物质(matter)；静止质量为零的粒子构成的内容物称为辐射(radiation)。对物质提供主要贡献的是各个星系，对辐射提供主要贡献的是充满宇宙的微波背景电磁辐射。从宇观尺度讲，每个星系可以看作一个质点，所有的星系组成理想流体；另一方面所有的辐射也可以看作是一种特殊的理想流体。综合上述两点可知，宇宙中的能量-动量张量可以写成理想流体的能量-动量张量的形式：

$$T^{\mu\nu} = (\rho + p)\boldsymbol{U}^{\mu}\boldsymbol{U}^{\nu} - pg^{\mu\nu} \tag{1.12}$$

其中，ρ 是星系构成的物质和辐射的总能量密度，p 是各相同性观测者测得的压强，$\boldsymbol{U}^{\mu}$ 是各向同性的观测者的 4 速矢量 $\boldsymbol{U}^{\mu} = \{1, 0, 0, 0\}$。将以上各式代入爱因斯坦场方程(1.7)中，可以得到著名的弗里德曼方程(Friedmann Equation)：

$$H^2 = \left(\frac{\dot{a}}{a}\right)^2 = \frac{8\pi G}{3}\rho - \frac{k}{a^2} + \frac{\Lambda}{3} \tag{1.13}$$

$$H^2 + \dot{H} = \frac{\ddot{a}}{a} = -\frac{4\pi G}{3}(\rho + 3p) + \frac{\Lambda}{3} \tag{1.14}$$

其中，$H(t) = \dot{a}/a$ 表示哈勃参数；上述两式就是决定宇宙尺度因子 $a(t)$ 演化的基本方程。我们可以重新定义宇宙的密度和压强：

$$\rho \rightarrow \rho + \frac{\Lambda}{8\pi G}$$

$$p \rightarrow p - \frac{\Lambda}{8\pi G}$$

方程(1.13)、方程(1.14)中常数 Λ 将被当作能量项被吸入能量密度 ρ 和压强 p 中，可以看出宇宙学常数相当于具有负压强性质($p = -\rho$)能量，被称为暗能量。

对方程(1.13)、方程(1.14)变形整理，可以得到两个常用的方程：

$$3\ddot{a} = -4\pi a(\rho + 3p) \tag{1.15}$$

$$\dot{\rho} + 3H(\rho + p) = 0 \tag{1.16}$$

其中，式(1.16)是能量守恒方程。方程(1.15)中 $\ddot{a}$ 可以理解为宇宙半径变化的加速度，因此 $p > -\rho/3 \Rightarrow \ddot{a} < 0$，此时宇宙减速膨胀；$p > -\rho/3 \Rightarrow \ddot{a} > 0$，此时宇宙加速膨胀。若要定量求解方程(1.13)和方程(1.14)，我们需要知道宇宙中各种内容物的密度及加强。给定某种内容物的物态方程 $p = w\rho$，利用公式(1.16)我们就可以把 ρ 定义成 a 的函数：

$$\dot{\rho} = -3\frac{\dot{a}}{a}(1 + w)\rho$$

对上式积分可以得到该内容物能量密度的演化规律：

$$\rho \propto a^{-3(1+w)}$$

例如，如果宇宙中内容物由压强可以忽略($w=0$)的非相对论性物质所主导，可以得到$\rho_m \propto a^{-3}$；若宇宙中内容物由相对论性粒子(如光子)主导，则 $p=\rho/3$ 即 $w=1/3$，可得$\rho_r \propto a^{-4}$。知道密度 ρ 关于 a 的函数后，便可以由弗里德曼方程计算出宇宙尺度因子 $a(t)$。方程(1.13)、方程(1.14) 和物态方程即动力学宇宙论的基本方程组。以 FRW 度规为基础并按照这种方法导出 $a(t)$的宇宙学模型称为标准模型或 Friedmann 模型。

引入临界密度：

$$\rho_c = \frac{8\pi G}{3H^2}$$

弗里德曼方程的第一式(1.13)可以改写为

$$\rho_c = \rho_r + \rho_m + \rho_\Lambda + \rho_k \tag{1.17}$$

其中，ρ_r 表示相对论性物质(辐射)的能量密度；ρ_m 表示物质密度(包含可视物质及不可视物质)；ρ_Λ 为暗能量密度；ρ_k 表示时空曲率项，后两项的表达式为

$$\rho_\Lambda = \frac{\Lambda}{8\pi G},\quad \rho_k = -\frac{3k}{8\pi G a^2}$$

定义无量纲密度 $\Omega_i=\rho_i/\rho_c$，其中 i 表示不同内容物的能量，由临界密度的定义式及方程(1.17)可得

$$\Omega_r + \Omega_m + \Omega_\Lambda + \Omega_k = 1$$

由于各种内容物密度随尺度因子 $a(t)$的变化关系不同，随着宇宙的膨胀，宇宙中不同内容物曾在宇宙不同的时期起主导作用。尺度因子 a 非常小时宇宙以辐射为主；接下来辐射密度降低宇宙进入物质主导时期；随后进入暗能量主导的时期。下面我们来介绍不同物质主导时期尺度因子的演化规律，假设宇宙中以状态方程为 $p=w\rho$ 的能量为主，其他能量密度可忽略，由方程(1.13) 可得

$$H \propto \alpha^{-3(1+w)/2} \Rightarrow \alpha \propto t^{\frac{2}{3(1+w)}} \tag{1.18}$$

根据上式(1.18)可以给出不同状态参数的能量密度随尺度因子的变化关系及该类能量主导时期尺度因子的演化规律(见表 1.1)。

表 1.1　宇宙中不同内容物主导时期能量密度与宇宙尺度因子的演化关系

主导物质	w_i	$a(t)$	$\rho(a)$
物质	0	$a_m \propto t^{2/3}$	$\rho_m \propto a^{-3}$
辐射	1/3	$a_r \propto t^{1/2}$	$\rho_r \propto a^{-4}$
曲率	$-1/3$	$a_k \propto t$	$\rho_k \propto a^{-2}$
暗能量	-1	$a_\Lambda \propto e^t$	$\rho_\Lambda \propto a^0$

宇宙中各种内容物的能量密度由实验观测确定。其中，辐射所占能量密度非常小$\Omega \sim 5\times10^{-5}$，通常在研究当今宇宙时将其忽略。根据 2013 年 Planck 卫星的观测数据及 WMAP＋highL＋BAO 的数据，现在宇宙的哈勃常数 $H_0 \approx 67.7$ (km/s)/Mpc，宇宙年龄为 13.8×10^9 年，现在宇宙中各种内容物的无量纲密度是

$$(\Omega_b,\ \Omega_{Dm},\ \Omega_\Lambda) = (4.8\%,\ 25.9\%,\ 69.1\%)$$

由上式可得 $\Omega_b+\Omega_{Dm}+\Omega_\Lambda \approx 1$，表明当今宇宙近似平直($\Omega_k$，$k\approx0$)。当今宇宙是以暗物质、

暗能量为主，宇宙正在加速膨胀。根据 ΛCDM 模型，随着宇宙的膨胀宇宙中辐射及物质的密度将不断减小，而暗能量密度 ρ_Λ 不变，Ω_Λ 将不断增大到约等于一，根据方程(1.13)，我们可以得到在很远的将来宇宙将不断指数加速膨胀。

将大爆炸理论时间反演，我们会发现宇宙的演化开始于一个温度极高的奇点($t=0$, $T=\infty$)，在趋近奇点处许多物理量发散，一切物理定律将在时空奇点处失效。彭罗斯和霍金在 1965—1970 年之间证明了一系列奇点定理。换个角度说，奇点定理表明经典广义相对论在奇点附近失效，在如此小尺度内量子效应应该起重要作用，因此极早期宇宙应该存在一个临界时刻 t_c，广义相对论在 $t>t_c$ 的时间内成立，而在 $t<t_c$ 的时间内应使用量子引力理论。

1.6 暗 能 量

1998 年又有一个重要的天文观测结果改变了人们对宇宙的了解。“超新星宇宙学项目”(The Supernova Cosmology Project)团队以及高红移超新星研究组(High-Z Supernova Search Team)通过对遥远距离超新星的观测首次发现现在的宇宙正在加速膨胀，后来更多观测从多个角度验证了该结果。物理学者索尔·珀尔马特(Saul Perlmutter)、布莱恩·施密特(Brian Schmidt) 与亚当·里斯(A. Riess)因为此项重要发现而共同荣获 2006 年邵逸夫天文学奖与 2011 年诺贝尔物理学奖。在此之前，宇宙学的标准模型被认为是由冷暗物质主导的 CDM(Cold Dark Matter)模型，即认为宇宙中物质由 95%的冷暗物质以及 5%的重子物质组成。这个模型在解释星系及星系团的形成方面取得了成功，但是它很难解释 1992 年宇宙背景探测者(COBE)号卫星所观测到的宇宙微波背景辐射各向异性，更无法解释宇宙的加速膨胀。因此，包含宇宙学常数以及冷暗物质的 ΛCDM 模型被提出。ΛCDM 模型能够很好地拟合最新得到的宇宙加速膨胀的观测数据。ΛCDM 模型中的 Λ 代表宇宙学常数，宇宙学常数在爱因斯坦场方程起的作用相当于一种压强 $p=-\rho$ 形式的能量，可以导致宇宙加速膨胀。由于，到目前为止人们并不了解这种能量到底是什么，也没有办法探测到，因此将其称为暗能量(Dark Energy)。虽然 ΛCDM 模型能够很好地拟合观测数据，但是它并没有在基础物理层面上解释暗物质、暗能量，从这个意义上说，它仅仅是一个有用的参数化形式。

当今宇宙加速膨胀的原因成为了标准模型中最令人困惑的问题。暗能量是一种充满整个宇宙空间的、具有负压强的能量，它的负压强性质在长距离上表现为一种斥力，驱动宇宙加速膨胀。它与暗物质一样不会吸收、反射或者辐射光，所以人类无法直接使用现有的技术进行观测，因此被称为暗能量。WMAP 数据显示，暗能量在宇宙中总物质的占比大约为 70%。暗能量的候选者应满足以下三个条件：

(1) 现在实验上尚未观测到暗能量，所以暗能量应没有明显的电磁相互作用，也因此称为暗能量。

(2) 能够推动宇宙加速膨胀，要求其状态参数 $w\approx-1$。

(3) 空间分布近似均匀。目前暗能量的理论模型众多，中国科学院理论物理研究所研究员李淼曾经半开玩笑地表示：“有多少暗能量专家，就有多少暗能量模型。”下面我们介绍几个比较有代表性的暗能量理论模型。

1.6.1　真空能暗能量模型

符合暗能量上述条件的一个重要的候选者是真空能，早在 1956 年 McVittie 就利用基态能来解释 Λ，并引起温伯格、盎鲁等人不断的研究。根据量子电动力学，电磁场能量可以量子化为

$$E_n = \left(n + \frac{1}{2}\right)\hbar\omega$$

其中，n 为在该状态上的光子数目。可以看出当光子数为零时($n=0$)，电磁场每个模式上仍然存在基态能(或零点能)$E_0 = \hbar\omega/2$。由于真空的态密度很大，因此处于真空态的电磁场仍然有很大的能量密度，叫作真空能量密度(Vacuum Energy Density)，记作 ρ_{vac}。其实不仅电磁场存在零点能，根据场论，各种不同的场均存在类似的真空能。如果所有观测者看到的真空都是相同的，那么

$$T_{\mu\nu}^{\text{vac}} = \rho_{\text{vac}} g_{\mu\nu}$$

其中，ρ_{vac}为常数，根据理想流体的能量-动量张量的表达式(1.12)，很容易得到真空能可以看作一种特殊的理想流体，其压强 p_{vac}和能量密度 ρ_{vac}都是常数，而且压强等于负的能量密度：

$$p_{\text{vac}} = -\rho_{\text{vac}}$$

这表明真空能的状态方程满足暗能量的要求 $\omega=-1$，即真空能具有负压强可以导致宇宙加速膨胀，下面我们来计算电磁场真空能密度。

考虑一个粒子在边长为 L 的立方体中，容易得到这个粒子在垂直于墙壁的三个方向的波长为

$$\lambda_i = \frac{2L}{n_i},\ i = x,\ y,\ z$$

粒子在这三个方向上的动量分别为 p_x，p_y 和 p_z，它们所有的可能取值为

$$p_i = \frac{2\pi\hbar}{L} n_i,\quad n_i = 0,\ \pm 1,\ \pm 2,\ \cdots$$

其中，n_i是粒子在某一方向的量子数，所以在这个立方体中，动量从 p 到 $p+\mathrm{d}p$ 范围内的所有量子状态数为

$$\mathrm{d}n_x \mathrm{d}n_y \mathrm{d}n_z = \frac{4\pi V}{(2\pi\hbar)^3} p^2 \mathrm{d}p \tag{1.19}$$

式中：体积 $V=L^3$，动量 $p=\mathrm{i}p_x+\mathrm{j}p_y+\mathrm{k}p_z$。光子是相对论性粒子，所以每个光子的能量 $\varepsilon=cp$。从方程(1.19)可以得到在体积 V 内从能量 ε 到 $\varepsilon+\mathrm{d}\varepsilon$ 之间的所有可能的量子状态数为

$$D(\varepsilon)\mathrm{d}\varepsilon = \frac{V\varepsilon^2 \mathrm{d}\varepsilon}{2\pi^2\hbar^3 c^3}$$

每个可能的量子态上都存在一个零点能 $\hbar\omega/2$，所以真空能密度为

$$\rho_\Lambda = \frac{1}{V}\int_0^\infty D(\varepsilon)\mathrm{d}\varepsilon \cdot \varepsilon = \int_0^\infty \frac{4\pi k^2 \mathrm{d}k}{(2\pi)^3} \cdot \frac{k}{2} = \frac{k^4}{16\pi^2}\Bigg|_0^\infty = \infty \tag{1.20}$$

上式给出的真空能密度显然发散，为了得到一个有物理意义的结果，必须对上式积分的积分上限(小距离，高频率)截断。高频截断的物理原因是当能量超过某值时上述场论失效，通常认

为截断的能量尺度为普朗克能量 E_p，$E_p \approx 10^{19}$ GeV。采取普朗克截断之后得到的真空能密度 $\rho_{\mathrm{vac}} \approx E_p^4/16\pi^2\hbar^3 \approx 10^{94}$ kg/m^3。而根据天文观测，现在暗能量的密度 $\rho_\Lambda \approx 10^{-27}$ kg/m^3。即理论给出的暗能量密度的结果竟然比实验观测到的结果高出约10^{121}倍。泡利在他一篇未发表的工作中曾经计算过，即使取经典电子半径 $r_e \approx 2.82 \times 10^{-15}$ m 为截断长度，真空能密度 ρ_{vac}也将给出一个不可接受的结果：静态爱因斯坦宇宙密度若为 ρ_{vac}，则宇宙的半径将小于到达月球的距离。

超对称理论假设每个费米子都有一个与之质量相等的超对称玻色子，反之亦然，而且费米子与玻色子对真空能的贡献相反，因此它们对真空能 ρ_{vac}的贡献恰好完全抵消。但是到目前为止没有任何超对称粒子在高能加速器中被发现，即使超对称理论正确，也很难解释为什么费米子真空能和玻色子真空能抵消之后还留下很小但偏偏不为零的宇宙学常数。到目前为止真空能作为暗能量的候选者仍面临不少困难。

1.6.2　标量场暗能量模型

通常在理论中直接引入一种标量场(可以被称作“第五元素 fifth fundamental force”)用以推动宇宙进行加速膨胀。与上述的真空能不同，标量场理论允许暗能量密度演化。标量场 φ 的拉氏量密度为

$$\mathscr{L} = \frac{1}{2}\partial^\mu\varphi\partial_\nu\varphi - V(\varphi)$$

假设标量场在空间中均匀分布，即 $\varphi(x, t) = \varphi(t)$，那么它的能量-动量张量取理想流体的形式，我们可以得到它的密度以及压强分别为

$$\rho = \frac{\dot{\varphi}^2}{2} + V(\varphi),\ p = \frac{\dot{\varphi}^2}{2} - V(\varphi) \tag{1.21}$$

其中，$\dot{\varphi}^2/2$ 是标量场的动能项，$V(\varphi)$是势能项。根据上式(1.21)，标量场的状态参数可以写成

$$\omega = \frac{\dot{\varphi}^2/2 - V(\varphi)}{\dot{\varphi}^2/2 + V(\varphi)} = \frac{-1 + \dot{\varphi}^2/2V}{1 + \dot{\varphi}^2/2V}$$

如果标量场随时间变化很慢，$\dot{\varphi}^2/2 \ll 1$，那么 $\omega \approx -1$。这时标量场的作用类似于能量密度慢变的真空能，$\rho \approx V(\varphi)$。一般来说，标量场的状态参数 ω 会随时间变化，它的取值范围为-1(慢变)到 1(快变)。

除了上述最简单的标量场模型，人们还提出含有各种不同形式标量场的暗能量模型，如 Phantom 模型假设拉氏量动能项前符号为负导致 $\omega < -1$，这种模型预言暗能量密度将随时间的流逝而不断增加，甚至能最终导致“大撕裂”；除此之外，还有 Tachyon 标量场模型、“k-essence”模型，含有多个标量场的模型等。标量场模型也同样存在一些问题，例如暴胀时期宇宙的加速膨胀也可以用标量场来解释，这里的标量场和暴胀场有关联吗？用标量场来解释暗能量相当于在理论中又引入了一个新的自由度，标量场的能量密度取决于 $V(\varphi)$，实质上宇宙学常数的问题依然没有解决。

1.6.3　全息暗能量模型

本部分介绍全息暗能量模型(Holographic Dark Energy)。全息原理是任何一个量子引

力理论必须遵守的基本原理，其来源是对黑洞的量子性质的研究，UV/IR 对偶是全息原理的一个直观体现。全息暗能量模型能够给出一个非常接近实验观测的暗能量密度。

自从贝肯斯坦(Bekenstein)提出黑洞具有熵，特别是霍金发现黑洞辐射以来，黑洞熵的研究就一直是理论物理学的重要课题之一。t Hooft 和 Susskind 通过 Bekenstein 熵约束，给出了紫外截断(UV cutoff Λ)和红外截断(IR cutoff L) 之间的关系：

$$L^3\Lambda^3 \leqslant S_{\mathrm{BH}} \equiv \pi L^2 M_p^2 \tag{1.22}$$

其中，S_{BH}是半径为 L 的黑洞的熵，根据式(1.22)可以推断系统的最大尺度即红外截断 L 和系统的最小尺度紫外截断 Λ 之间不是相互独立的，它们之间满足关系 $L\sim\Lambda^{-3}$。

为了避免这个截断中的一些问题，Cohen 和他的合作者们对 UV/IR 对偶提出了一个更强的约束：尺度为 L 的体积内的真空能不应大于一个半径为 L 的黑洞的能量。若 UV 截断取 Λ，根据公式(1.20)，对 L 的约束为

$$L^3\Lambda^4 \leqslant LM_p^2 \tag{1.23}$$

此时 IR 截断 $L\sim\Lambda^{-2}$。取满足上述约束式(1.23)的 L 的最大值，则真空能密度为

$$\rho_\Lambda = 3c^2M_p^2L^{-2} \tag{1.24}$$

如果 L 取现在宇宙的尺度，即哈勃半径，根据上式(1.24)计算出的能量密度 $\rho_\Lambda\approx10^{-46}$ GeV^4 和观测到的暗能量密度 $\rho_{\mathrm{obs}}\approx10^{-47}$ GeV^4 符合得较好。但是(1.24)给出的暗能量模型中暗能量密度的演化和物质密度的演化相同，它的状态参数 $\omega=0$，而只有 $\omega<-1/3$ 宇宙才能加速膨胀。李淼提出宇宙中除了哈勃视界之外还存在两种视界可以用来当作红外截断，一种是粒子视界，另一种是未来事件视界。他随后计算了这两种视界半径。其中粒子视界仍然不能解决问题，而用未来事件视界(Future Event Horizon)作为 IR 截断，给出了可以导致宇宙加速膨胀的模型，未来事件视界半径为

$$R_h = a\int_t^\infty \frac{\mathrm{d}t}{a} = a\int_a^\infty \frac{\mathrm{d}a}{Ha^2}$$

得到暗能量的密度及状态参数分别为

$$\rho_\Lambda = 3\alpha^2M_p^2a^{-2\left(1-\frac{1}{c}\right)}$$

$$\omega = -\frac{1}{3}-\frac{2}{3c}$$

利用事件视界作为红外截断可以得出宇宙加速膨胀的结果，因此上式中含有一个参数 c，它可以拟合现在所有对 ω 的观测结果，它对宇宙巧合问题(Cosmic Coincidence)也有一个有趣的解释。

在李淼的工作基础上，全息暗能量模型既能给出一个合适的能量密度，又能给出合适的状态参数导致宇宙加速膨胀。因此有大量对全息暗能量的研究工作，例如，弯曲空间的全息暗能量；用观测数据对全息暗能量模型中参数的约束；以及用其他尺度作为 IR 截断的研究，利用里奇曲率标量作为 IR 截断的里奇暗能量模型和蔡荣根等人用宇宙年龄作为 IR 截断的 Agegraphic 暗能量模型等。

当今宇宙的加速膨胀是现在宇宙学中最令人困惑也是最令人着迷的问题之一，这方面的研究非常丰富，除了以上简单介绍的几种暗能量模型之外，还有其他各种各样的理论模

型。如修改引力的模型、引入高维空间的模型和空间非均匀的模型等。但是，到目前为止还没有具有足够说服力的模型来解释宇宙加速膨胀，我们对暗能量的研究像是盲人摸象，对暗能量的研究还远未结束。

1.7 暴胀理论

大爆炸宇宙模型取得了巨大成就的同时也带来了很多问题，比如：视界困难、平直性困难、磁单极困难、宇宙早期粒子产生和元素起源等。1979—1981 年 Starobinsky、Guth、Linde 等人为了解决大爆炸模型中的这些困难，先后提出了宇宙暴胀理论。暴胀理论(Inflation 一词可以指有关暴胀的假说、暴胀理论或者暴胀时期，暴胀理论以及“暴胀”一词，最早于 1980 年由美国物理学家阿兰·古斯提出)认为宇宙在大爆炸开始之后会经历一个短暂的、快速的指数膨胀过程，在这期间宇宙膨胀了约 e^{60} 倍。暴胀理论解决了大爆炸模型中的很多困难，例如：它可以解释宇宙宏观结构的形成，为什么宇宙在大尺度上显得各个方向相同，即各向同性，为什么宇宙微波背景辐射会大致均匀分布，为什么我们的宇宙空间如此平坦，为什么现在宇宙中探测不到磁单极子等问题。因此暴胀理论被广泛接受，暴胀理论得到充分的研究。经过三十多年的发展，科学家们不断提出了各种暴胀模型。但是导致宇宙早期会经历一个指数加速膨胀的动力来源还不清楚，实质上，暴胀相当于是作为宇宙初始条件而引入的，暴胀的机制还不明确。我们将在后面详细介绍暴胀理论。

什么驱动了宇宙的暴胀呢？经过近四十年的发展，科学家们提出了各种暴胀模型。Guth 最早提出了依赖于标量场假真空的暴胀模型，Linde 等人发展的新暴胀模型(New Inflationary Model)、Chaotic 暴胀模型等。下面我们对其中几种暴胀模型进行简单介绍。

1.7.1 暴胀场

前文介绍了慢变的标量场可以充当暗能量用以解释当今宇宙的加速膨胀，同样标量场也可以导致极早期宇宙加速膨胀，这个标量场被称作暴胀场(Inflaton)，暴胀场的作用量为

$$S=\int d^4x\sqrt{-g}\mathscr{L}=\int d^4x\sqrt{-g}\left[\frac{1}{2}\partial^\mu\varphi\partial_\nu\varphi-V(\varphi)\right]$$

根据欧拉-拉格朗日方程：

$$\partial^\mu\frac{\delta(\sqrt{-g}\mathscr{L})}{\delta\partial^\mu\varphi}-\frac{\delta(\sqrt{-g}\mathscr{L})}{\delta\varphi}=0$$

可以得到暴胀场的运动方程：

$$\ddot{\varphi}+3H\dot{\varphi}-\frac{\nabla^2\varphi}{a^2}+V'(\varphi)=0 \tag{1.25}$$

其中，$V'(\varphi)=dV(\varphi)/d\varphi$。方程中左边第二项 $3H\dot{\varphi}$ 起的作用像是有摩擦的简谐振动中阻尼的作用，若宇宙静止 $H=0$，该项消失。假设暴胀场空间均匀分布，则上述方程(1.25)中暴胀场 φ 对空间的导数项为零。暴胀场的能量-动量张量为

$$T_{\mu\nu}=\partial_\mu\varphi\partial_\nu\varphi-g_{\mu\nu}\mathscr{L}$$

对应的能量密度及压强为

$$T_{00} = \rho_\varphi = \frac{\dot{\varphi}^2}{2} + V(\varphi),\ T_{ii} = p_\varphi = \frac{\dot{\varphi}^2}{2} - V(\varphi)$$

根据弗里德曼方程(1.13)，若宇宙中暴胀场能量密度主导，可以得到

$$H^2 = \frac{8\pi G}{3}\left[\frac{1}{2}\dot{\varphi}^2 + V(\varphi)\right]$$

1.7.2　慢滚条件

若要得到宇宙加速膨胀的结果即 $p_\varphi \approx -\rho_\varphi$，必须要求 $V(\varphi) \gg \dot{\varphi}^2$；如要求加速膨胀持续足够长时间，则要满足 $|\ddot{\varphi}| \ll |3H\dot{\varphi}|$。这就是暴胀发生需要满足的两个条件。慢滚条件满足时，暴胀场的运动方程和哈勃参数的演化方程可以被简化，暴胀场新的运动方程变成

$$3H\dot{\varphi} = -V'(\varphi) \tag{1.26}$$

哈勃参数满足方程：

$$H^2 \approx \frac{8\pi G}{3}V(\varphi),\quad \dot{H} = \frac{4\pi G V'^2}{9H^2} \tag{1.27}$$

根据方程(1.26)和方程(1.27)，慢滚条件可以表示为

$$\dot{\varphi}^2 \ll V(\varphi) \Rightarrow \frac{(V')^2}{V} \ll H^2$$

$$|\ \ddot{\varphi}\ | \ll |\ 3H\dot{\varphi}\ | \Rightarrow V'' \ll H^2$$

定义慢滚参数：

$$\varepsilon = -\frac{\dot{H}}{H^2} = 4\pi G\frac{\dot{\varphi}^2}{H^2} = \frac{1}{16\pi G}\left(\frac{V'}{V}\right)^2$$

$$\eta = \frac{1}{8\pi G}\frac{V''}{V} = \frac{1}{3}\frac{V''}{H^2}$$

$$\delta = \eta - \varepsilon = -\frac{\ddot{\varphi}}{H\dot{\varphi}}$$

因此暴胀发生的条件可以用慢滚参数表示为 $\varepsilon \ll -1$ 和 $\eta \ll 1$。当这两个条件不再满足时，暴胀将结束。根据慢滚近似我们可以计算出宇宙在暴胀期间膨胀了多少倍，一般用 e 叠数 $N \equiv \ln\frac{a_{\text{end}}}{a}$ 来表示宇宙膨胀的倍数：

$$N \equiv \int_t^{t_{\text{end}}} H\,\mathrm{d}t \approx H\int_\varphi^{\varphi_{\text{end}}}\frac{\mathrm{d}\varphi}{\dot{\varphi}} \approx -3H^2\int_\varphi^{\varphi_{\text{end}}}\frac{\mathrm{d}\varphi}{V'}$$

$$\approx 8\pi G\int_{\varphi_{\text{end}}}^{\varphi}\frac{V}{V'}\mathrm{d}\varphi \tag{1.28}$$

1.7.3　Chaotic 暴胀模型

古斯提出的暴胀模型依赖于标量场的假真空(势函数的局域极小值，但不是全局最小值)，但是古斯和温伯格很快发现该模型退出机制存在问题 。这个问题很快就被 Linde 及 Albrecht 和 Steinhardt 发展的新暴胀模型(New Inflationary Model)所解决，新暴胀模型需要一个具有足够平滑的平台的势函数来满足暴胀条件，其势函数的一般形式如图 1.1(a)所示。

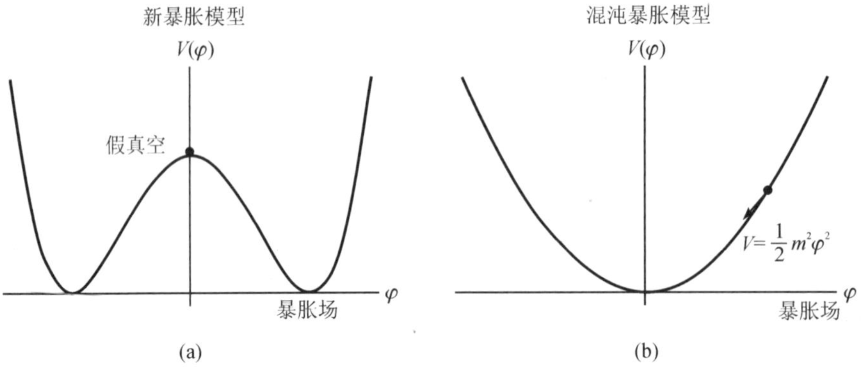

图 1.1　不同暴胀模型的势函数

后来 Linde 又提出了 Chaotic 暴胀模型，这个模型对暴胀场势函数的要求更少，势函数既不需要局域最小值也不需要足够平滑的平台，Chaotic 暴胀最简单的势函数如图 1.1(b)所示，势函数为标量场的二次函数形式。

$$V(\varphi) = \frac{1}{2}m^2\varphi^2$$

由公式(1.27)可知，此模型在慢滚近似下宇宙的演化方程为

$$H = \sqrt{\frac{4\pi G}{3}}m\varphi, \quad \varphi = -\frac{m}{\sqrt{12\pi G}}$$

上式中第一式表明如果暴胀场变化缓慢 $\varphi\sim$const，哈勃参数近似于常数，此时宇宙半径将指数增加，即

$$a(t) = \mathrm{e}^{Ht}$$

根据慢滚参数的定义可以得到

$$\varepsilon(\varphi) = \eta(\varphi) = \frac{1}{4\pi G\varphi^2}$$

为了满足慢滚条件 ε，$|\eta|\ll 1$，暴胀场 φ 的取值要大于 Planck 尺度：

$$\varphi > \sqrt{2}M_p \equiv \varphi_{\mathrm{end}}$$

根据公式(1.28)，暴胀期间 e 叠数为

$$N(\varphi) = \frac{\varphi^2}{4M_p}\bigg|_{\varphi_{\mathrm{end}}}^{\varphi} = \frac{\varphi^2}{4M_p} - \frac{1}{2}$$

因此在 Chaotic 暴胀模型中只要早期暴胀场 φ 足够大，宇宙就可以开始暴胀并持续足够时间。该模型不需要超冷、热平衡的初始态，也不需要从假真空中隧穿而结束暴胀。

自从暴胀理论提出以来，暴胀思想被广泛接受，随着研究的深入，许多暴胀模型被提出。暴胀模型一般可以分为四类。第一类是“large field”模型，这类模型暴胀场初始值很大，然后慢滚到位于 φ 很小的势能最低处，$V''(\varphi)>0$，$-\varepsilon<\delta\leqslant\varepsilon$，前文介绍的 Chaotic 模型属于此类 。第二类是“small field”模型，这类模型暴胀场初始值很小，然后慢滚到位于 φ 很大的势能最低处，$V''(\varphi)<0$，$\eta<-\varepsilon$，比如 New 和 Natural 模型属于此类。第三类是 hybrid 模型，第四类暴胀模型由两种暴胀模型组成，由两个演化的暴胀场导致两个暴胀阶段。另外还有一些暴胀模型无法包含进这四类。比如一些模型中不需要一个势能最低点；以及一

些模型不需要暴胀场的势能；何东山、高东峰、蔡庆宇等人利用量子宇宙学及玻姆理论发展了一种不需要任何标量场的暴胀模型。目前暴胀模型很多，绝大多数暴胀模型都需要假定在暴胀时期存在一个或多个标量场，并认为暴胀的动力来源于这些标量场(因此也称为“暴胀场”)。微波背景辐射的张标比反映了原初引力波的强度，可以用来验证和排除暴胀模型。随着观测精度的提高，张标比被不断压低，Planck，WMAP 及 BICEP/Keck 最新的观测结果中张标比被进一步限制为 $r<0.036$，使得原初引力波的存在仍存疑问，一类简单的单项式混沌暴胀模型基本被排除。到目前为止，由于缺乏基本原理来决定标量场自相互作用的形式，科学家们对暴胀场的来源及其势能函数并不了解，甚至是否存在暴胀场也不清楚。实质上，暴胀场相当于是作为宇宙初始条件而引入的，暴胀的机制仍不明确。

1.7.4 再加热

一个好的暴胀模型需要能够解释宇宙中物质如何产生的问题。一般认为宇宙中几乎所有的物质都来自暴胀结束后的再加热过程。暴胀时期宇宙快速指数膨胀，在大约10^{-35} s 的时间里宇宙膨胀了约 e^{60} 倍。这个时期宇宙的温度随之快速降低，期间宇宙的温度降低了约 100 000 倍(实际降温程度在不同模型之间具有差异，在最早期的模型中一般从10^{27} K 降至 10^{22} K)。然而根据粒子物理的标准模型，要产生宇宙中的物质，宇宙在暴胀结束后的温度需要再恢复到暴胀前的水平，这一过程称为“再加热”或“热化”。

一般认为暴胀阶段所有的能量都存储于慢变的标量场 φ 中。暴胀结束后，暴胀场将在暴胀场势能的最低处震荡，暴胀场所具有的巨大势能随之衰变成各种基本粒子。这些粒子之间相互形成一个热平衡态，宇宙随之进入以辐射为主的时期。由于科学家仍未了解暴胀的性质，因此对这一过程所知甚少，但一般认为是通过参量振荡机制进行的。

1.7.5 暴胀时期的量子涨落

前面我们讨论的暴胀模型假设暴胀时期暴胀场近似均匀，然而由于量子效应宇宙早期应该会有很小的涨落。现在公认的观点是，早期宇宙中标量场的量子涨落是现在宇宙结构起源的“种子”，暴胀时期的涨落经过不断的演化成长为现在所看到的宇宙结构。这一部分将大致梳理一下标量场涨落的演化过程，并给出可观测量张量-标量比率的表达式。

暴胀时期暴胀场能量密度主导宇宙，因此暴胀场的任何扰动都会导致宇宙中能量-动量张量的扰动：

$$\delta\varphi \Rightarrow \delta T_{\mu\nu}$$

根据爱因斯坦场方程，能量-动量的扰动会导致时空度规的扰动：

$$\delta T_{\mu\nu} \Rightarrow \delta g_{\mu\nu}$$

含有微小涨落的 RW 度规可以写成

$$ds^2 = [{}^{(0)}g_{\mu\nu}(t) + \delta g_{\mu\nu}(x, t)]dx^\mu dx^\nu \tag{1.30}$$

其中$|{}^{(0)}g_{\mu\nu}(t)| \gg |\delta g_{\mu\nu}(x, t)|$，${}^{(0)}g_{\mu\nu}(t)$表示无扰动的背景度规。在计算微扰时采用共形时间(Conformal Time)比较方便，定义共形时间：

$$\eta = \int \frac{dt}{a(t)},\ t = \int a(\eta)d\eta$$

可以将背景度规表示成

$$^{(0)}g_{\mu\nu}(t)\mathrm{d}x^{\mu}\mathrm{d}x^{\nu} = a^2(\eta)[\mathrm{d}\eta^2 - \delta_{ij}\mathrm{d}x^i\mathrm{d}x^j]$$

度规的涨落部分 $\delta g_{\mu\nu}(x, t)$ 可以分成三类：标量涨落、矢量涨落和张量涨落。其中由于暴胀期间没有旋转速度场，因此不存在矢量涨落，标量和张量涨落在暴胀期间比较重要。

标量涨落的度规可以写成

$$g_{\mu\nu} = a^2\begin{pmatrix}1+2\varphi & B_{,i} \\ B_{,i} & -(1-2\varphi)\delta_{ij} - 2E_{,ij}\end{pmatrix}$$

不同的观测者应该观测到相同的涨落，在广义相对论中这就要求我们选择规范不变的坐标，而上述度规并不满足规范不变。采用上述四个函数 φ，ψ，B，E 的线性组合可以构造出规范不变量，最简单的规范不变量为

$$\Phi \equiv \varphi - \frac{1}{a}[a(B-E')]',\ \Psi \equiv \psi + \frac{a'}{a}(B-E') \tag{1.31}$$

其中，a' 表示 a 对共形时间 η 的导数。容易验证 Φ，Ψ 在任何坐标变换下不变，若它们在某一坐标下为零，则它们将在所有坐标下为零。当然人们可以构造出无穷多个规范不变量，其中 Φ，Ψ 的任意相互组合仍然是规范不变量，为了方便，一般选择变换式(1.31)。

因为规范不变量在任何坐标系下不变，所以当我们知道规范不变量后，可以选择一个特殊的坐标系来简化计算，正如在电学中，电势差是规范不变量，任意选定电势能零点都不影响电势差的计算，但一般选择接地为电势零点来简化计算。下面我们介绍一种常用的规范，径向规范（The Longitudinal Gauge）也叫共形牛顿规范（Conformal-Newtonian Gauge）。径向规范中定义 $B=E=0$，因此我们可以得到径向规范下的微扰度规：

$$\mathrm{d}s^2 = a^2[(1+2\varphi_l)\mathrm{d}\eta^2 - (1-2\psi_l)\delta_{ij}\mathrm{d}x^i\mathrm{d}x^j] \tag{1.32}$$

如果能量-动量张量的空间分量是对角的，即 $\delta T^i_j \propto \delta^i_j$，那么我们可以得到 $\varphi_l = \psi_l$，此时微扰度规(1.31)中仅剩下一个表示标量微扰的变量 φ_l，在广义相对论的弱场近似中变量 φ_l 就是牛顿势，这也就是为什么这个规范也叫作共形牛顿规范的原因。

标量场应满足爱因斯坦场方程式：

$$G^{\mu}_{\nu} \equiv R^{\mu}_{\nu} - \frac{1}{2}g^{\mu}_{\nu}R = 8\pi G T^{\mu}_{\nu}$$

因为涨落很小，我们可将方程分成背景部分和微扰部分。利用共形背景度规式(1.30)，可以得到

$$G^0_0 = \frac{3\mathscr{H}^3}{a^2},\ G^0_i = 0,\ G^i_j = \frac{1}{a^2}(2\mathscr{H}' + \mathscr{H}^2)\delta^i_j \tag{1.33}$$

式中，$\mathscr{H} \equiv a'/a = aH$ 表示共形坐标下的哈勃参数。含有标量微扰的爱因斯坦场方程的一阶近似为

$$\delta G^{\mu}_{\nu} = 8\pi G T^{\mu}_{\nu} \tag{1.34}$$

理想流体的能量-动量张量的一阶扰动可以写为

$$\delta T^0_0 = \delta\rho,\ \delta T^0_i = \frac{\rho_0 + p_0}{a}(\delta u_{//i} + \delta u_{\perp i}),\ \delta T^i_j = -\delta p \delta^i_j \tag{1.35}$$

把方程(1.32)和方程(1.34)代入方程(1.33)中，我们得到标量微扰的演化方程组：

$$\nabla\Phi - 3\mathscr{H}(\Phi' + \mathscr{H}\Phi) = 4\pi \mathrm{G} a^2 \delta\rho \tag{1.36}$$

$$\Phi'' + 3\mathscr{H}\Phi' + (2\mathscr{H}' + \mathscr{H}^2)\Phi = 4\pi G a^2 \delta\rho \tag{1.37}$$

$$(a\Phi')'_{,i} = 4\pi G a^2 (\rho_0 + p_0)\delta u_{/\!/ i} \tag{1.38}$$

将慢滚时期暴胀场密度、压强及哈勃参数的演化方程代入方程(1.36)和方程(1.37)中可以得到

$$\Phi'' + 2\left(\mathscr{H} - \frac{\ddot{\varphi}_0}{\dot{\varphi}_0}\right)\Phi' - \nabla^2\Phi + 2\left(\mathscr{H}' - \frac{\mathscr{H}\ddot{\varphi}_0}{\dot{\varphi}_0}\right)\Psi = 0 \tag{1.39}$$

定义两个新变量：

$$u \equiv a\delta\varphi + z\Phi,\quad z \equiv a\frac{\varphi'}{\mathscr{H}} = a\frac{\dot{\varphi}}{H}$$

方程(1.38)变成

$$u'' - \nabla^2 u - \frac{z''}{z}u = 0$$

定义规范不变的共动曲率：

$$R \equiv -\Psi - \frac{H}{\varphi'}\delta\varphi = -\frac{u}{z}$$

其中，$z = a\sqrt{2\varepsilon}M_p$，因此在涨落穿出视界时共动曲率的功率谱为

$$P_R(k) = \frac{k^3}{2\pi^2}\left|\frac{u_k}{z}\right|^2 = \frac{1}{2M_p^2\varepsilon}\left(\frac{H}{2\pi}\right)^2\left(\frac{k}{aH}\right)^{n_R-1} = A_R^2\left(\frac{k}{aH}\right)^{n_R-1}$$

其中，$n_R - 1 = 2\eta - 6\varepsilon$。张量微扰的度规可以写成

$$ds^2 = a^2[d\eta^2 - (\delta_{ij} - h_{ij})dx^i dx^j]$$

其中，$h_{ij} \ll 1$，在任意坐标变化下不变，它描述规范不变的引力波。展开爱因斯坦-希尔伯特作用量，可以得到描述张量涨落的二阶作用量：

$$S_{(2)} = \frac{M_p^2}{2}\int d^4x\sqrt{-g}\,\frac{1}{2}\partial_\sigma h_{ij}\partial^\sigma h_{ij}$$

张量涨落幅度的规范不变量为

$$v_k = \frac{aM_p h_k}{\sqrt{2}}$$

满足方程：

$$v''_k + \left(k^2 - \frac{a''}{a}\right)v_k = 0$$

根据慢滚时期宇宙尺度因子的演化方程我们可以得到

$$|v_k| = \left(\frac{H}{2\pi}\right)\left(\frac{k}{aH}\right)^{3/2-vT} \tag{1.40}$$

式中，$v_T \approx 3/2 - \varepsilon$。张量涨落的功率谱为

$$P_T(k) = \frac{k^3}{2\pi^2}\sum_\lambda |h_k|^2 = 4\times 2\frac{k^3}{2\pi^2}|v_k|^2$$

利用公式(1.40)，我们得到张量涨落在穿出视界时功率谱为

$$P_T(k) = \frac{8}{Mp_p^2}\left(\frac{H}{2\pi}\right)^2\left(\frac{k}{aH}\right)^{n_T} = A_T^2\left(\frac{k}{aH}\right)^{n_T}$$

定义张量涨落的谱指数和张量-标量振幅比率分别为

$$n_{\mathrm{T}}=\frac{d\ln P_{t}}{d\ln k}=3-3_{vT}=-2\varepsilon$$

$$r\equiv\frac{A_{\mathrm{T}}^{2}}{A_{\mathrm{R}}^{2}}=16\varepsilon,\ r=-8n_{T}$$

根据上式我们可以看到，不同的暴胀模型预言不同的张量-标量比率，而张量-标量比率是一个可观测量，通过精确地测量 r 可以判断哪个暴胀模型正确。下面我们计算如下例题，对于标量场势函数 $V\sim\varphi^{n}$ 的暴胀模型，标量-张量比率为

$$r=16\varepsilon=8Mp_{p}^{2}\left(\frac{V'}{V}\right)^{2}=\frac{4n}{N}$$

以上计算对于仅含一个标量场的暴胀模型成立，一些暴胀模型中含有两个或者多个暴胀场，N. Bartolo，S. Matarrese 和 A. Riotto 计算了含有多个标量场的暴胀模型的标量和张量扰动。

2014 年 3 月 17 日，BICEP2 团队宣布探测到早期宇宙的引力波所形成的 B 模偏振，测得张量-标量比率为 $r=0.20_{-0.05}^{+0.07}$。可是，Planck 团队与 BICEP2 团队联合的研究表明 BICEP2之前观测到的信号可能大部分是由银河系尘埃的前景效应造成的，因此原初引力波是否存在还不确切。在 BICEP2 释放他们的观测数据之后许多暴胀模型都被重新讨论，但是由于观测数据还不确定，现在还很难说哪个暴胀模型正确。

本章小结

本章首先从最小作用量原理导出了爱因斯坦场方程，并介绍了基于宇宙学原理的 Robertson-Walker度规。在此基础上引入了标准宇宙模型以及导致当今宇宙加速膨胀的几种暗能量模型。最后介绍了为了解决大爆炸模型中视界困难、平直性困难、磁单极困难、宇宙早期粒子产生和元素起源等问题的暴胀理论。

第 2 章　量子宇宙学

无论是暴胀还是暗能量问题在经典引力框架都难以完美解释，那么是否需要用量子引力理论来研究宇宙的演化呢？根据大爆炸理论，暴胀时期宇宙很小(普朗克尺度)，因此宇宙的量子效应可能起重要作用，需要用量子理论来研究极早期宇宙。另一方面，部分物理学家认为暗能量可能来源于某种量子效应，近期有文章从量子宇宙学角度提出了量子势作为暗能量的宇宙学模型，认为暗能量来源于宇宙的量子效应，Faraggi 等人认为宇宙学常数可以解释为与宇宙空间度规张量有关的量子势。因此无论是早期宇宙的暴胀还是当今宇宙的加速膨胀可能都与宇宙量子效应相关，所以深入研究量子宇宙学对解决暴胀及暗能量等问题有重要意义。

20 世纪 80 年代开始，史蒂芬·霍金(S. W. Hawking)和詹姆斯·哈妥(J. B. Hartle)、亚历山大·维兰金(A lexander Vilenkin)等人将量子理论引入宇宙学中用于研究宇宙的起源等问题。我们知道描述一个微观系统的物理需要量子力学，例如原子分子体系；描述强引力系统需要广义相对论，例如黑洞、宇宙等。一般而言，量子力学和广义相对论所研究的对象并不重叠。然而根据大爆炸理论知道宇宙在不断膨胀，那么对宇宙时间反演，我们会发现宇宙极早时期必然会经历一个体积非常小、温度极高、密度很大(引力强)的状态。因此我们需要结合量子理论和广义相对论来研究早期宇宙的产生及其演化，此即量子宇宙学的研究方法与研究内容。严格来说，量子宇宙学需要建立在完整的量子引力基础上，然而到目前为止人们还没有发展出一个完整的量子引力理论。但是我们仍有一些初步的量子引力理论可以使用，如由阿贝·阿希提卡(Ahbay Ashtekar)、李·斯莫林(Lee Smolin)、卡洛·洛华利(Carlo Rovelli)等人发展出来的圈量子引力理论(Loop Quantum Gravity)和惠勒-德威特方程(Wheeler-DeWitt Equation，WDWE)等。虽然这些理论尚不完善，但是我们依然可以得到一些重要而有趣的结果，另一方面，早期宇宙作为量子引力的一个重要研究对象，对量子引力理论的发展也有推动作用。

量子宇宙学的研究方法及研究内容就是应用量子化的引力来描述宇宙的产生及其演化规律。爱因斯坦的广义相对论虽然是很先进的理论，但它仍属于经典的理论范畴。将引力量子化是理论发展的必然要求，因此将引力量子化是现在理论物理中重要的一个研究方向。目前有几种量子引力理论正在发展，例如弦理论、超引力理论、AdS/CFT 对偶、惠勒-德威特方程、圈量子引力、扭量理论等。本章我们介绍对如何广义相对论进行正则量子化得到的惠勒-德威特方程，并简单介绍其在宇宙学中的应用。

2.1 惠勒-德威特方程

1967 年，DeWitt 提出了一种对广义相对论正则量子化的方法。通过 ADM 分解把四维时空流形分割为三维空间和一维时间，选定时间轴后，就可以定义出系统的哈密顿量，并运用场论中普遍使用的 Dirac 正则量子化方法得到量子化之后的哈密顿量 $\mathscr{H}$。量子化后的哈密顿量满足哈密顿约束 $\mathscr{H}\Psi=0$，得到惠勒-德威特方程。WDWE 是对量子引力系统波函数的约束条件，由于量子引力系统波函数描述的是三维空间度规场的分布，也就是空间几何的分布，因此惠勒-德威特方程是描述宇宙结构的方程，惠勒-德威特方程也因此被一些物理学家视为量子宇宙学的基本方程。

WDWE 的推导过程如下，对四维时空做 3+1 分解，度规可以表示为

$$g_{\mu\nu}=\begin{pmatrix}-\alpha^2+\beta_k\beta^k & \beta_j\\ \beta_i & \gamma_{ij}\end{pmatrix},\ g^{\mu\nu}=\begin{pmatrix}-\alpha^{-2} & \alpha^{-2}\beta^j\\ \alpha^{-2}\beta^i & \gamma_{ij}-\alpha^{-2}\beta^i\beta^j\end{pmatrix} \tag{2.1}$$

其中

$$\gamma_{ik}\gamma^{kj}=\delta_i^j,\quad \beta^i=\gamma^{ij}\beta_j \tag{2.2}$$

将上述两式(2.1)和(2.2)代入爱因斯坦-希尔伯特拉格朗日密度 $\mathscr{L}=\sqrt{-g}\,^{(4)}R$ 中得到：

$$\mathscr{L}=\alpha\gamma^{1/2}(K_{ij}K^{ij}-K^2+{}^{(3)}R)-2(\gamma^{1/2}K\beta^i-\gamma^{1/2}\gamma^{ij}\alpha_{,j})_{,i} \tag{2.3}$$

式中

$$g\equiv\det(g_{\mu\nu})=-\alpha^2\gamma$$

$$\gamma\equiv\det(\gamma_{ij})$$

$$K\equiv\gamma^{ij}K_{ij}$$

$$K_{ij}\equiv\frac{1}{2}\alpha^{-1}(\beta_{i,j}+\beta_{j,i}-\gamma_{ij,0})$$

$$K^{ij}\equiv\gamma^{ik}\gamma^{jl}K_{kl}$$

物理量 K^{ij} 包含了 γ_{ij} 的时间演化信息，描述 $t=\text{const}$ 的超曲面的外曲率 (Extrinsic Curvature)，也叫做第二基本形式(Second Fundamental Form)；与之相对应的是内禀曲率张量(Intrinsic Curvature Tensor)R_{ij}，完全由超曲面上的度规 γ_{ij} 确定。

拉格朗日量 L 的表达式(2.3)中后两项是全微分项，与系统演化无关可以丢掉，所以系统的拉格朗日量变成

$$L=\int\alpha\gamma^{1/2}(K_{ij}K^{ij}-K^2+{}^{(3)}R)\mathrm{d}^3x \tag{2.4}$$

系统的变量为 α，β_i 和 γ_{ij}，可以定义与之对应的共轭动量 π，π^i 和 π^{ij} 分别为

$$\pi=\frac{\delta L}{\delta\alpha_{,0}}=0 \tag{2.5}$$

$$\pi^i=\frac{\delta L}{\delta\beta_{i,0}}=0 \tag{2.6}$$

$$\pi^{ij}=\frac{\delta L}{\delta\gamma_{ij,0}}=-\gamma^{1/2}(K^{ij}-\gamma^{ij}K)$$

变量 α，β_i 的共轭动量 π，π^i 为零是系统的第一约束(Primary Constraint)，方程(2.5)和(2.6)表明系统的拉格朗日量(2.4)与 $\alpha_{,0}$ 和 $\beta_{i,0}$ 无关。利用变量 α，β_i，γ_{ij} 和它们的共轭动量 π，π^i，π^{ij}，我们可以将哈密顿量 H 表达成

$$H = \int (\pi\alpha_{,0} + \pi^i\beta_{i,0} + \pi^{ij}\gamma_{ij,0}) \mathrm{d}^3 x - L$$
$$= \int (\pi\alpha_{,0} + \pi^i\beta_{i,0} + \alpha\mathscr{H} + \beta_i X^i) \mathrm{d}^3 x$$

其中

$$\mathscr{H} \equiv \frac{1}{2}\gamma^{-1/2}(\gamma_{ir}\gamma_{ji} + \gamma_{il}\gamma_{jk} - \gamma_{ij}\gamma_{kl})\pi^{ij}\pi^{kl} - \gamma^{-1/2(3)}R$$
$$= \gamma^{1/2}(K_{ij}K^{ij} - K^2 - {}^{(3)}R)$$
$$x^i \equiv -2\pi^{ij}_{;j} \equiv -2\pi^{ij}_{,j} - \gamma^{il}(2\gamma_{jl,k} - \gamma_{jk,l})\pi^{jk}$$

因此可以得到系统作用量

$$S \equiv \int L\mathrm{d}t = \int \mathrm{d}t\mathrm{d}^3 x(\pi\alpha_{,0} + \pi^i\beta_{i,0} - \alpha\mathscr{H} - \beta_i x^i) \tag{2.7}$$

作用量(2.7)对 α 和 β_i 分别做变分可以得到系统的哈密顿约束(Hamiltonian Constraint)和动量约束(Momentum Constraint)：

$$\mathscr{H} = 0,\ \mathscr{H}^i = 0$$

按照狄拉克量子化方法，我们将动量换成算符：

$$\hat{\pi}^{ij} \to -\mathrm{i}\frac{\delta}{\delta\gamma_{ij}},\ \hat{\pi} \to -\mathrm{i}\frac{\delta}{\delta\alpha},\ \hat{\pi}^i \to -\mathrm{i}\frac{\delta}{\delta\beta_i}$$

正则变量的基本对易关系为

$$[\alpha, \hat{\pi}'] = \mathrm{i}\delta(x, x'),\quad [\beta_i, \hat{\pi}^{j'}] = \mathrm{i}\delta_i^{j'},\quad [\gamma_{ij}, \hat{\pi}^{k'l'}] = \mathrm{i}\delta_{ij}^{k'l'}$$

则系统波函数满足：

$$\begin{cases} \hat{\pi}\Psi = 0 \\ \hat{\pi}^i\Psi = 0 \\ \hat{\mathscr{H}}\Psi = 0 \\ \hat{\chi}^i\Psi = 0 \end{cases} \tag{2.8}$$

定义 DeWitt 矩阵：

$$G_{ijkl} = \gamma_{ik}\gamma_{jl} + \gamma_{il}\gamma_{jk} - \gamma_{ik}\gamma_{kl}$$

由哈密顿约束(2.8)，我们可以得到量子宇宙学的基本方程，即惠勒-德威特方程：

$$\left[\frac{1}{2}\gamma^{-1/2}G_{ijkl}\pi^{kl} - \gamma^{1/2(3)}R\right]\psi = 0 \tag{2.9}$$

方程中 ψ 是宇宙波函数，根据 WDWE 我们可以得到包含空间度规信息的一个二阶微分方程，它应该包含宇宙演化的所有信息。准确地说，惠勒-德威特方程(2.9)和波函数 ψ 表示所研究的度规为 $g_{\mu\nu}$ 的量子引力系统的方程和波函数。量子宇宙学的研究中研究对象为宇宙，所以应选择描述宇宙时空的度规，此时我们得到的波函数就是宇宙波函数。由于黑洞也是强引力系统，黑洞的熵及黑洞辐射等过程需要应用量子理论，因此惠勒-德威特方程(2.9)同样可用于黑洞研究，此时 ψ 是描述黑洞的波函数。

2.2 小超空间模型

量子宇宙学的研究对象就是我们身处其中的宇宙，它有无穷多个自由度，这种情况下想通过解惠勒-德威特方程得到宇宙的演化是不可行的，因为方程太复杂，无法得到方程的解。因此在实际应用的过程中必须根据宇宙的性质对方程进行简化，其中一个应用广泛的简化模型就是小超空间模型(Minisuperspace Model)。这个模型假设宇宙是均匀且各向同性的，因此体系的自由度大大减少，可以得到一个有限自由度的模型。在经典宇宙学的研究中，宇宙学原理被广泛应用并且有坚实的观测基础，但是我们并不确定它在量子宇宙学中仍然成立，因此小超模空间型也被认为是一个“玩具模型”。小超空间模型可以看作是量子宇宙学的假设，也因为大多数情况下只有在这个模型下才能给出 WDWE 的解。

考虑一个均匀各向同性的宇宙，那么时空的度规可以写为

$$ds^2 = -N^2(t)dt^2 + a^2(t)\left[\frac{dr^2}{1-kr^2} + r^2 d\theta^2 + r^2 \sin^2\theta d\varphi^2\right] \tag{2.10}$$

这个模型的空间度规仅含有一个自由度，即宇宙的尺度因子 $a(t)$。含有一个均匀标量场 φ 的小超空间模型被讨论较多，这样的模型中方程仅含两个自由度：尺度因子 $a(t)$ 和标量场 φ。

除这个最简单的小超空间模型之外，其他一些假设宇宙均匀但非各向同性的模型也被讨论过，如：

Kantowski-Sachs 模型度规的空间部分为

$$\gamma_{ij}dx^i dx^j = a^2(t)\,dr^2 + b^2(t)(d\theta^2 + \sin^2\theta d\varphi^2)$$

这个模型有三个自由度 $\{a, b, \varphi\}$，这个模型中宇宙球对称，但径向膨胀速度不同。

Bianchi 模型度规的空间部分为

$$\gamma_{ij}dx^i dx^j = a^2(t)dr^2 + b^2(t)dy^2 + c^2(t)dz^2$$

下面我们考虑最简单的情况，假设宇宙均匀、各向同性且不包含任何物质(无标量场)。将小超空间度规(2.10)代入惠勒-德威特方程(2.9)中可以得到：

$$\left(\frac{1}{a^p}\frac{\partial}{\partial a}a^p\frac{\partial}{\partial a} - ka^2\right)\psi(a) = 0$$

方程中 $k=1, 0, -1$ 表示空间的曲率，分别对应封闭宇宙(Closed Universe)、平坦宇宙(Flat Universe)和开放宇宙(Open Universe)，参数 p 代表量子引力中算符次序的不确定性，它对系统的量子效应有影响，不影响系统的经典行为。这个方程只有一个自由变量 a，描述一个不包含任何物质场的宇宙。为了得到一个包含物质的宇宙，通常在方程中添加一个标量场，用这个标量场来描述宇宙中的物质。充满标量场且势函数为 $V(\varphi)$ 的宇宙惠勒-德威特方程为

$$\left(\frac{1}{a^p}\frac{\partial}{\partial a}a^p\frac{\partial}{\partial a} - \frac{1}{a^2}\frac{\partial^2}{\partial\varphi^2} - ka^2 + a^4V(\varphi)\right)\psi(a) = 0 \tag{2.11}$$

这个方程是一个二元二阶微分方程，由于存在 a 和 φ 的交叉项 $a^4V(\varphi)$，方程一般情况下无法分离变量给出精确解，通常要求 φ 满足慢滚条件，然后根据 WKB 近似给出方程的近似解。当 $V(\varphi)=0$ 时，此交叉项消失，方程可以分离变量得以求解，即无质量标量场的方程可以求解。

2.3　宇宙的边界条件

类似于量子力学，需要根据边界条件才能确定宇宙动力学方程的解。在量子宇宙学的惠勒-德威特方程中不显含时间，因此时间是内禀时间，初始条件包含在宇宙的边界条件之中。在量子宇宙学中，存在某些“自然边界条件”，这些“自然边界条件”是由问题的物理考虑得到的，比如考虑度规的正定性，在路径积分表述中，边界条件可以由适当选择积分路径来实现。

20 世界 80 年代理论物理学家对宇宙波函数提出了合适的边界条件，即完整的宇宙学不应当建立在某种“初始假定”之上，而应当是没有任何“初始假定”的。霍金认为，宇宙中任何一点都不应处于特殊地位。因此宇宙应该是没有边界的。他认为物理定律在任何地方都应有效，宇宙的开端处也不例外。为此，应该让路径积分只对非奇异性度规求和。在通常的路径情况下，人们知道测度更集中于不可微的路径，但是在某些适当的拓扑中，这些路径是光滑路径的完备化，并且具有定义完好的作用量。类似地可以想到，量子引力的路径积分应该对光滑度规的完备化空间取和，不应包含奇异性度规(因为它的作用量没有定义)。宇宙产生于虚无(The Universe Created from Nothing)，这里的“无”(Noting)是指没有时间和空间。量子宇宙学中研究的系统是整个宇宙，而根据宇宙的定义，宇宙是没有外部的。所以哈特和霍金认为宇宙的边界条件就是宇宙没有边界。根据这个思想，Hawking 和 Hartle 根据欧氏空间的路径积分得到无边界方案(No-boundary Proposal)。确定宇宙的量子态的另外一种方法是由 Vilenkin 等建立起来的隧道效应方法。这一方法认为，宇宙在 de Sitter 空间自发成核，然后沿暴胀路径演化。这个宇宙成核的数学描述与量子力学中微观粒子穿过一个势垒的量子隧道的现象十分相似。因此 Vilenkin 根据隧穿的思想得到的隧穿边界条件(The Tunneling Boundary Condition)，Linde 等人对隧穿模型也有发展。下面我们介绍这两种方案给出的波函数，并比较两种波函数的区别与联系。

2.3.1　无边界方案

在量子理论中所有定律都可以用路径积分来描述，一个粒子在某一时刻 t_1 取 φ_1 态的波函数可以表示为

$$\Psi(\varphi_1, t_1) = N\int_c \mathrm{d}[\varphi]\mathrm{e}^{\mathrm{i}S(\varphi)} \tag{2.12}$$

表达式中 N 为归一化因子，$S(\varphi)$为作用量，$\mathrm{d}[\varphi]$为所有从某一指定集 C 到(φ_1, t_1) 的历史空间的测度。以上积分一般发散，如果将时间轴顺时针旋转到虚时间轴上，即做代换 $t\to -\mathrm{i}\tau$，上式变为

$$\Psi(\varphi_1, t_1) = N\int_c \mathrm{d}[\varphi]\mathrm{e}^{-i(\varphi)} \tag{2.13}$$

这里 $I=\mathrm{i}S$ 叫作欧氏作用量，如果 I 是正定的，则上式积分收敛。将所得结果解析延拓到实

时间轴，便可以得到物理结果，如果令 $t\to-\infty$，则 $\Psi(\varphi_1, t_1)$成为某一具有最小能量的基态波函数。

把以上方法推广到引力场中，如果将时空量子化，则态空间由嵌入四维时空中带有度规为 h_{ij} 的三维超曲面和附在上面的物质场 φ 组成，此时宇宙波函数可以写为

$$\Psi(h_{ij}, \varphi)=N\int_c \mathrm{d}[\boldsymbol{g}_{\mu\nu}]\mathrm{d}[\varphi]\mathrm{e}^{-I(\boldsymbol{g}_{\mu\nu}, \varphi)} \tag{2.14}$$

正如薛定谔方程可以由公式(2.13)推导出来一样，惠勒-德威特方程(2.9)可以从上式(2.14)推导出来。在小超空间模型下，霍金和哈尔特利用欧氏空间路径积分的方法给出了封闭宇宙无边界的宇宙波函数：

$$\Psi_{\mathrm{NB}}\approx\exp\left(\frac{1}{3V(\varphi)}[1-(1-a^2V(\varphi)^{3/2})]\right)$$

$$\Psi_{\mathrm{NB}}\approx\mathrm{e}^{1/3|\varphi|}\cos\left(\frac{(a^2V(\varphi)-1)^{3/2}}{3V(\varphi)}-\frac{\pi}{4}\right) \tag{2.15}$$

宇宙波函数示意图如图 2.1 所示，图中实线表示势能曲线，虚线为无边界模型宇宙波函数，宇宙很小时，$a^2V(\varphi)<1$，宇宙处于量子时期，波函数 Ψ_{NB}随着宇宙的膨胀而增长，$a=0$ 处波函数是规则的，表明时空在 $a=0$ 处没有奇性；当 $a^2V(\varphi)>1$ 时宇宙过渡到经典，波函数振荡，波函数(2.15)中的余弦函数可以看作是两支行波的叠加，这两支行波分别表示时空的坍缩态和膨胀态。

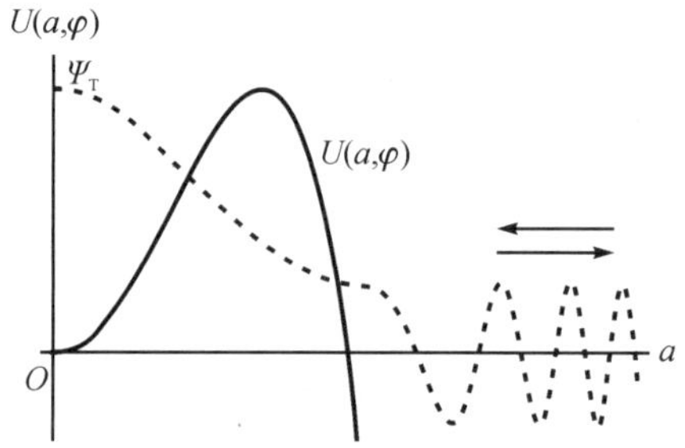

图 2.1 哈尔特-霍金的无边界波函数示意图

2.3.2 隧穿模型波函数

在量子力学中，如果空间存在一个一维方势垒 $V(x)$，一个粒子以动能 $E<V(x)$从左向右运动遇到势垒时，粒子将有一部分概率 P_{T} 穿过势垒继续向右运动，并以 $1-P_{\mathrm{T}}$ 的概率反射。在势垒左边波函数为向左和向右传播的两支波函数的叠加，势垒中波函数衰减，势垒右边只有向右传播的一列行波。

假设标量在 a 很小时慢变，则惠勒-德威特方程(2.11)中的第二项可以忽略，$V(\varphi)$ 可以看做一个常数，则方程类似于一个零能薛定谔方程，势函数曲线如图 2.2 所示。类比量子力学中隧穿的图像，Vilenkin 认为宇宙波函数在超空间的奇异边界，必仅包括出射模式。这个边界条件与费曼传播子的因果边界条件形式上类似，波函数的入射、出射模式的定义与正、负频率模式的定义类似，方向指向“时间”作用的边界。这些模式在一般情况下能否

精确定义还不是很清楚，但在半经典表述中，这样的定义是可能的，此时 Vilenkin 给出了宇宙波函数：

$$\left.\begin{aligned}\Psi_{\mathrm{T}} &\approx \exp\left(-\frac{1}{3V(\varphi)}\left[1-\left(1-a^2V(\varphi)^{3/2}\right)\right]\right), & a^2V(\varphi)<1\\ \Psi_{\mathrm{T}} &\approx \mathrm{e}^{-1/3(\varphi)}\exp\left[\frac{-i}{3V(\varphi)}\left(a^2V(\varphi)-1\right)^{3/2}\right], & a^2V(\varphi)>1\end{aligned}\right\} \tag{2.16}$$

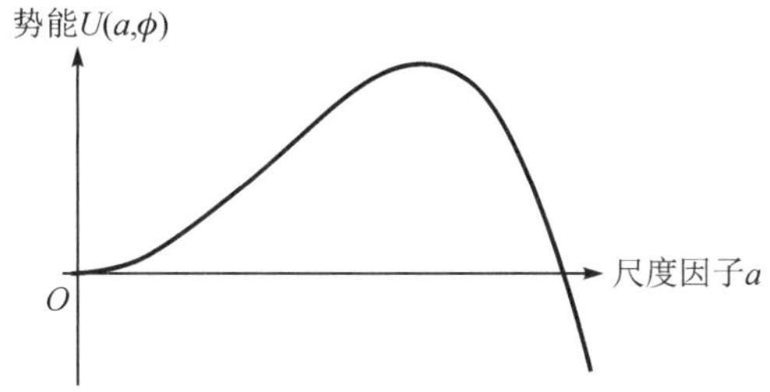

图 2.2　隧穿模型的势能曲线

在 Vilenkin 的隧穿图像中，波函数见图 2.3，图中实线表示势能曲线，虚线为隧穿模型的宇宙波函数，当宇宙很小时，$a^2V(\varphi)<1$，宇宙处于量子时期，波函数 Ψ_{NB} 随着宇宙的膨胀衰减；当 $a^2V(\varphi)>1$ 时宇宙过渡到经典，波函数振荡，波函数(2.16)中仅包含一支出射态(outgoing)的波函数。

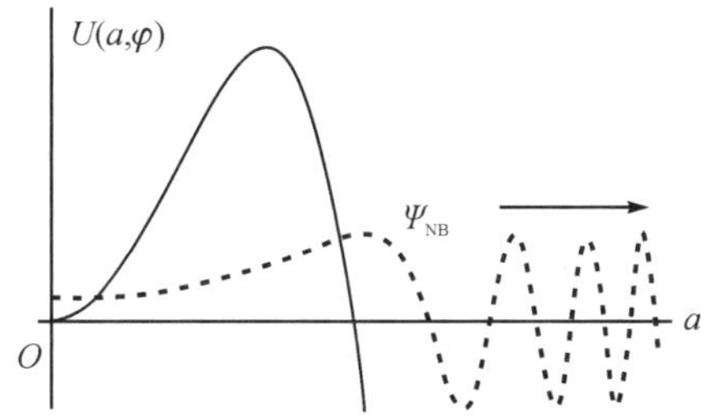

图 2.3　Vilenkin 的隧穿波函数示意图

下面比较哈尔特-霍金的无边界波函数与 Vilenkin 的隧穿波函数。首先比较两种波函数从 $a=0$ 膨胀到 $a=H^{-1}$ 的几率幅度，即宇宙产生的概率：

$$\frac{\Psi_{\mathrm{NB}}(H^{-1})}{\Psi_{\mathrm{NB}}(0)}=\mathrm{e}^{1/3V},\qquad \frac{\Psi_{\mathrm{NB}}(H^{-1})}{\Psi_{\mathrm{NB}}(0)}=\mathrm{e}^{-1/3V}$$

上式表明，对于哈尔特-霍金的无边界波函数 Ψ_{NB}，势函数 $V(\varphi)\to 0$ 时宇宙产生的概率最大；对于 Vilenkin 的隧穿波函数 Ψ_{T}，势函数 $V(\varphi)\to M_p^4$ 时宇宙产生的概率最大。暴胀模型需要一个势能很大的标量场，以便宇宙得以快速膨胀，从这点看隧穿模型更符合暴胀的要求。

在经典区域，$a^2>V(\varphi)$，为了便于比较，引入

$$S=\frac{1}{3V(\varphi)}\left(a^2V(\varphi)-1\right)^{3/2}-\frac{\pi}{4}$$

这样无边界波函数可以表示成

$$\Psi_{\mathrm{NB}} \approx \exp \frac{1}{3V(\varphi)} \left[\mathrm{e}^{-\mathrm{i}s} + \mathrm{e}^{\mathrm{i}s} \right]$$

隧穿波函数可以表示成

$$\Psi_{\mathrm{T}} \approx \exp\left(\frac{1}{3V(\varphi)}\right) \mathrm{e}^{-\mathrm{i}s}$$

这两类波函数的主要区别在于：

（1）无边界波函数为 WKB 近似得到的两列行波的叠加，波函数是实函数；而隧穿波函数只是 WKB 近似得到波函数中对应宇宙膨胀的一支。

（2）两类波函数振幅项的符号相反，这导致它们各自得到宇宙可以产生足够膨胀的概率不同。这两个学派都说他们各自的波函数预言了暴胀，但这两个波函数无法直接进行比较，因为它们是对于不同的宇宙模型来计算的。后文中将利用我们发展的宇宙波函数动力学解释对这两种波函数边界条件所预言的宇宙演化加以研究。

本章小结

宇宙的创生过程中量子效应起重要作用。本章首先介绍了对爱因斯坦引力场方程正则量子化得到的惠勒-德威特方程，即宇宙波函数满足的动力学方程。在此基础上介绍了 20 世纪 80 年代初，霍金(Hawking)、维林金(Vilenkin)等人提出的用宇宙波函数来描述宇宙的量子状态的量子宇宙创生模型。

第 3 章　量子效应导致宇宙自发产生

宇宙可以自发地从无中产生的观点受到现代物理学家的青睐，即宇宙的时间空间以及宇宙中的物质、反物质、光子都产生于无，但是之前宇宙产生的模型都依赖于标量场的假真空或宇宙学常数。真正的真空是指其处于能量最低的基态的状态，而假真空是指处于能量的极小值点，但不是最小值的状态，因此假真空态的能量高于真空态的能量，可以含有很高的能量密度，示意图如图 3.1 所示。也就是说，宇宙并不是产生于真正的无，而是由标量场推动宇宙的产生。那么我们会问：为什么宇宙产生之前会存在这样一个标量场，是什么决定了标量场势函数的形式？

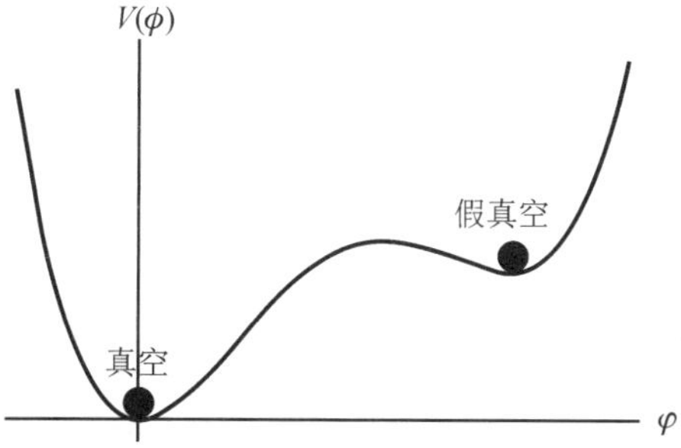

图 3.1　标量场的假真空和真正真空示意图

目前为止，人们并不能给出这个问题的答案，因此我们想问真正的真空是否可以产生宇宙呢？经典情况下，这个问题很容易给出答案。令爱因斯坦场方程(1.7)及弗里德曼方程(1.13)、(1.14)中宇宙学常数 Λ 和能量动量都为零($T_{\mu\nu}=0$)。对于平坦宇宙($k=0$)，容易得到 H^2，$\dot{H}=0$；对于开放宇宙($k=0$)，可以得到 $H=1/t$，$\dot{H}=-1/t^2$；而封闭宇宙($k=1$)的哈勃参数为虚数。综上所述，根据经典广义相对论，没有任何物质的宇宙不会迅速的指数加速长大。

上一章中，我们介绍过大爆炸理论以及暴胀理论，表明极早期宇宙的尺度很小，宇宙中的量子效应起重要作用，因此量子理论应该应用于宇宙学来研究宇宙的产生及其演化。

3.1　真空泡的惠勒-德威特方程

1917 年爱因斯坦将广义相对论应用于对宇宙的研究，开创了现代宇宙学。基于宇宙学原理的基本假设，利用爱因斯坦场方程可以得到描述均匀、各向同性宇宙的弗里德曼方程。宇宙学标准模型表明宇宙开始于一个温度极高的奇点，在趋近奇点处许多物理量发散，物理定律将在时空奇点处失效，在如此小尺度内量子效应应该起重要作用。惠勒-德威特方程是对爱因斯坦场方程进行正则量子化得到的结果，量子宇宙学中宇宙的演化由宇宙波函数描述，而宇宙波函数满足惠勒-德威特方程。

根据海森堡不确定性原理，真空不平静而是非常活跃的。真空无时无刻地产生虚粒子对，如果没有外力使它们分开，虚粒子对就会迅速地湮灭。因而我们看到的是一个不变的、平静的真空。同样假真空中会自发地、概率地产生小的真空泡。如果真空泡没有迅速长大，那么它就会消失。因此研究真空泡产生之后的演化行为比研究真空泡的产生更重要。小真空泡可以用最简单的小超空间模型描述，模型中只包含尺度因子 a 这一个参数，表示真空泡的半径。真空泡的爱因斯坦-希尔伯特作用量可以写为

$$S = \frac{c^3}{16\pi G}\int R\sqrt{-g}\,\mathrm{d}^4 x \tag{3.1}$$

其中，c 表示光速，G 是万有引力常数。假设真空泡均匀、各向同性且球对称，那么我们可以利用小超空间模型来描述真空泡：

$$\mathrm{d}s^2 = \sigma[-N^2(t)c^2\mathrm{d}t^2 + a^2(t)\mathrm{d}\Omega_3^2] \tag{3.2}$$

上式中，$\mathrm{d}\Omega_3^2 = \frac{\mathrm{d}t^2}{1-kr^2} + r^2(\mathrm{d}\theta^2 + \sin\theta^2\mathrm{d}\varphi^2)$是三维球度规，$N(t)$是任意延迟函数(Lapse Function)，为了叙述的方便，计算选择 $\sigma^2=2/3\pi$。需要注意的是，坐标 r 没有量纲，尺度因子 $a(t)$具有长度的量纲。从方程(3.2)中可以得到$\sqrt{-g}=N\sigma^4 ca^3$，根据式(1.11)可以得到标量曲率为

$$R = 6\frac{\ddot{a}}{\sigma^2c^2N^2a} + 6\frac{\dot{a}^2}{\sigma^2c^2N^2a^2} + \frac{6k}{\sigma^2a^2} \tag{3.3}$$

将方程(3.1)和方程(3.3)代入方程(3.2)，可以得到

$$\begin{aligned} S &= \frac{6\sigma^2Nc^4}{16\pi G}\int\left(\frac{a^2\ddot{a}}{N^2c^2} + \frac{a\dot{a}^2}{N^2c^2} + ka\right)\mathrm{d}^4x \\ &= \frac{6\sigma^2Nc^4}{16\pi G}\int\mathrm{d}^3x\int\left(\frac{a^2\ddot{a}}{N^2c^2} + \frac{a\dot{a}^2}{N^2c^2} + ka\right)\mathrm{d}t \\ &= \frac{6\sigma^2Nc^4V}{16\pi G}\int\left(\frac{a^2\ddot{a}}{N^2c^2} + \frac{a\dot{a}^2}{N^2c^2} + ka\right)\mathrm{d}t \\ &= \frac{Nc^4}{2G}\int\left(-\frac{a\dot{a}^2}{N^2x^2} + ka\right)\mathrm{d}t \end{aligned}$$

因此真空泡的拉格朗日量可以写为

$$L = \frac{Nc^4}{2G}\left(ka - \frac{a\dot{a}^2}{N^2c^2}\right)$$

其中，$\dot{a}$ 表示尺度因子 $a(t)$对时间 t 的导数，$a(t)$的共轭动量 p_a 为

$$p_a = \frac{\partial L}{\partial\dot{a}} = -N\frac{c^2a\dot{a}}{NG}$$

真空泡的哈密顿量的正则形式可以由其拉格朗日量 L 和动量 p_a 表示为

$$\mathscr{H} = p_a\dot{a} - L$$

取 $N=1$，则哈密顿量为

$$\mathscr{H} = -\frac{1}{2}\left(\frac{Gp_a^2}{c^2 a} + \frac{c^4 ka}{G}\right)$$

在量子宇宙学中，宇宙的演化完全由遵从惠勒-德威特方程的宇宙量子态决定。根据 2.5 节，由 $\mathscr{H}\Psi=0$ 以及 $p_a^2 = -\hbar^2 a^{-p}\frac{\partial}{\partial a}\left(a^p \frac{\partial}{\partial a}\right)$，可以得到真空泡的惠勒-德威特方程为

$$\left(\frac{\hbar^2}{m_p}\frac{1}{a^p}\frac{\partial}{\partial a} - \frac{E_p}{l_p^2}ka^2\right)\psi(a) = 0 \tag{3.4}$$

方程中 $k=1$，0，-1 表示空间的曲率，分别对应封闭宇宙(Closed Universe)、平坦宇宙(Flat Universe)和开放宇宙(Open Universe)，参数 p 代表量子引力中算符次序的不确定性，它对系统的量子效应有影响，不影响系统的经典行为。正如前文所述这个方程只有一个自变量 a，描述宇宙的半径。方程中 m_p，E_p，l_p，t_p 分别表示普朗克质量、普朗克能量、普朗克长度和普朗克时间。

现在我们得到了描述真空宇宙(真空泡)波函数的方程(3.4)，该方程描述的是一个不包含任何物质、标量场 φ 和宇宙学常数 Λ 的宇宙，是一个真正的无的状态。这个方程决定了由海森堡不确定性原理而量子涨落产生的小真空泡的演化。可以看出方程中不含时间项，在量子力学中时间是个很重要的物理量，如果方程中不含时间，表明系统的波函数是定态的，系统不演化。然而在广义相对论中情况不一样。广义相对论中时间只是一个任意的标记，物理规律与坐标无关。一个物理上有意义的时间可以利用空间几何或者物质的变量来定义，在宇宙学中时钟也是宇宙的一部分，也由波函数来描述。那么如何能够得到宇宙演化的信息呢？量子力学的另一个解释：量子轨道理论为我们提供了一种了解量子系统演化的方法。

3.2　量子力学的解释与玻姆轨道理论

量子力学最重要的方程为描述微观粒子运动的薛定谔方程，但是自量子力学诞生以来，关于量子力学的各种解释一直存在争论。其中被大家广泛接受的教科书中的解释为波函数的概率解释。薛定谔方程中的波函数自身的物理内涵是不明确的，但是波函数的模的二次方表示空间一个点上粒子出现的概率密度。只要能从数学上决定概率波的精确形式，就能通过多次重复某个实验来观测某一结果发生的可能性，从而验证概率的预言。但是经典的物理理论认为，宇宙间的一切事物都按照确定的规律运动，而根据量子力学的观点，一切系统的演化都是概率的，许多人对这样的解释感到困惑，甚至完全不能接受。爱因斯坦曾说过一句非常著名的话：“上帝不会跟宇宙玩儿骰子。”他觉得，概率在基础物理学中出现是因为某种说不清的理由，是因为人们对量子系统的认识还不够完备造成的。虽然关于什么是量子力学的争论今天仍在继续着，但是大家都知道利用量子理论的方程来计算并做精确的预言，总是能与实验吻合。

1957 年惠勒的学生休·埃弗雷特提出了多世界诠释。他认为波函数中所含有的每一种可能结果都有可能发生；只不过每一种结果都发生在各自的分支宇宙中，这就是所谓的多世界诠释。在这种解释中，每当一个“随机”事件发生时，宇宙就发生一次分裂。因此宇宙像一系列从树干上不断分裂出来的树枝，这样一来量子力学预言的任何东西都有可能发生，即使只有很小的可能性，也有可能在某一个版本的宇宙中真正发生，因而不再需要波函数

坍塌的概念。

20 世纪 50 年代，大卫·玻姆基于德布罗意的工作对量子力学提出另外一种设想(该理论也常被叫做德布罗意-玻姆理论、波导理论或者量子轨道理论等)。玻姆认为微观粒子(比如说电子)就像经典牛顿力学中的运动一样，具有确定的位置和动量，只是为了与量子力学的不确定原理相一致，这些性质被隐藏起来了(因此玻姆理论属于隐变量理论的一种)。根据玻姆理论，不确定性代表的只是我们认知上的局限性，而非粒子本身的属性。由于玻姆理论是非定域性理论，因此并没有违背贝尔的结果。

玻姆理论中粒子的波函数是单独的实在性元素，独立于粒子本身而存在，粒子的波函数与粒子本身相互作用。粒子的相关性质产生了波函数，而粒子的波函数“引导”或“推动”粒子运动。粒子波函数在某个位置的变化会立即(超光速)推动遥远位置上粒子的运动，这个发现清楚地说明了玻姆理论的非定域性。在玻姆的方法中，并不存在单独的波函数塌缩阶段，如果我们测量粒子的位置，发现它在这儿，那么在测量之前的那一刻粒子就在那里，而不是由波函数坍缩而来。该理论的主要观点：

(1) 粒子仍然沿着精确的连续轨迹运动，只是这条轨迹不仅由通常的力决定，还受量子势的影响。

(2) 量子势由波函数产生，它与经典势共同作用来引导粒子运动。如果量子势趋于零，则粒子的行为将从量子过渡到经典。

(3) 波函数被看作是空间中的物理场，永不塌缩，而粒子则由波函数引导进行连续运动，同时具有确定的位置和速度。

(4) 该理论是量子力学的另外一种解释，和哥本哈根学派的量子力学在数学上等价。下面将介绍玻姆理论的基本原理。

3.2.1 量子力学的玻姆轨道理论

玻姆轨道理论可以由以下方式得到。量子力学的基本方程为薛定谔方程：

$$-\frac{\hbar^2}{2m}\nabla^2\psi(r,t)+V\psi(r,t)=\mathrm{i}\hbar\frac{\partial\psi(r,t)}{\partial t} \tag{3.5}$$

方程中 $\psi(r,t)$是系统的波函数，是与位置、时间相关的复函数。数学上，任意一个复函数 $\psi(a)$可以写成

$$\psi(r,t)=R(r,t)\exp(\mathrm{i}S(r,t)/\hbar)$$

其中，$S(r,t)$是一个实的振幅函数，$S(r,t)$是一个实的相位函数。把 $\psi(a)$的上述形式代入方程(3.5)中，分离方程的实部和虚部，可以得到两个方程：

$$\frac{\partial\rho}{\partial t}+\frac{1}{m}\nabla(\rho\nabla S)=0 \tag{3.6}$$

$$\frac{\partial S}{\partial t}+\frac{(\nabla S)^2}{2m}+V+Q=0 \tag{3.7}$$

可以看出方程(3.6)是连续性方程，方程中 $\rho(r,t)=R^2(x,t)=|\psi(r,t)|^2$ 表示粒子某个时刻 t 处于位置 r 的概率密度。而方程(3.7)类似于经典的哈密顿-雅克比方程，只是多了一项 $Q(r,t)$，这项和经典势 V 并列具有势能的量纲，因此通常叫做量子势。

$$Q(r,t) = -\frac{\hbar^2}{2m}\frac{\nabla^2 R}{R}$$

量子势 $Q(r,t)$ 中包含普朗克常量，表明其对系统的量子行为起关键作用。由于方程(3.7)类似于经典的哈密顿-雅克比方程，所以类似地我们可以写出玻姆粒子的运动方程：

$$\frac{m\mathrm{d}^2 r}{\mathrm{d}t^2} = -\nabla(V+Q)$$

这个方程类似于牛顿方程，因此被称作玻姆-牛顿方程(Bohm-Newton Equation)。根据上式的定义可以给出一个更简单的运动方程：

$$v = \frac{\mathrm{d}r}{\mathrm{d}t} = \frac{\nabla S(r,t)}{m} \tag{3.8}$$

根据玻姆轨道理论，量子粒子的轨迹由式(3.8)描述。通常，我们需要先通过薛定谔方程解得系统的波函数 $\psi(r,t)$，知道波函数之后就可以得到波函数的幅角部分 $S(r,t)$，然后将方程(3.8)对时间积分，就可以得到粒子的量子轨道。确定粒子轨道的时候我们还需要知道粒子的初始位置 r_0，这个初始位置就是玻姆轨道理论的隐变量。由于不确定性原理，无法测量和控制这个隐变量。我们还可以通过 $R(r,t)$ 得到量子势 $Q(r,t)$，分析量子势 $Q(r,t)$ 的大小，进而了解系统的量子特性。$Q(r,t) \gg V(r,t)$，表明系统量子行为显著，$Q(r,t) \ll V(r,t)$，表明系统从量子过渡到经典。

玻姆轨道理论提出后，成功地解释了很多基本物理现象，比如杨氏双缝实验、方势垒的隧穿过程、域上电离以及高次谐波的产生等问题。此外，玻姆轨道理论还可以应用于相对论量子力学中，可以给出 Dirac 方程的因果解释，并解释相干态和经典极限等许多问题。接下来，我们将把玻姆轨道理论应用于量子宇宙学中来研究宇宙的起源及宇宙的演化。

3.2.2　玻姆轨道理论应用于量子宇宙学

将量子力学中波函数的概率解释应用于量子宇宙学时，无边界方案和隧穿模型这两种方案均能给出宇宙创生于无的概率，但是对于唯一的宇宙无法通过多次实验分辨哪种波函数正确，这两种方案的争论仍相当激烈。惠勒-德威特方程仅含有空间坐标而不显含时间，类似于一个零能的薛定谔方程，因此在量子宇宙学中如何引入时间概念也是一个重要问题。在对动量进行量子化时由于算符次序的不确定性，霍金引入了算符次序因子，但算符次序因子的取值仍不确定。霍金为了使惠勒-德威特算子独立于超空间坐标而选择 $p=1$，而 Vilenkin 为了得到方程的解析解而选择 $p=-1$，不同的研究者为了研究量子宇宙通常给出了不同的算符次序因子的约束。目前理论表明算符次序因子对宇宙的量子演化影响显著，然而算符次序因子问题仍未解决。总之，量子宇宙学还存在波函数的解释问题、时间问题和算符次序因子等基本问题需要解决。为了解决这些问题，本章节试图将德布罗意-玻姆理论应用于量子宇宙学。

不含任何物质的惠勒-德威特方程(3.4)是一个二阶微分方程，方程的形式类似于薛定谔方程。因此可以将玻姆轨道理论应用于惠勒-德威特方程，来研究量子宇宙。仿照量子力学的玻姆轨道理论，将宇宙波函数 $\psi(a)$ 写成

$$\psi(a) = R(a)\exp\left(\frac{\mathrm{i}S(a)}{\hbar}\right)$$

其中，$R(a)$和 $S(a)$ 都是实函数，根据路径积分理论，$S(a)$是量子化之后的作用量。把$\psi(a)$的上述形式代入惠勒-德威特方程(3.4) 中，分离实部和虚部，可以得到两个方程：

$$\frac{\hbar}{m_p}\left(S''+2\frac{R'S'}{R}+\frac{p}{a}S'\right)=0 \tag{3.9}$$

$$\frac{(S')^2}{m_p}+V+Q=0 \tag{3.10}$$

方程中 $V(a)=E_p k a^2/l_p^2$是小超空间的经典势，S'表示 S 对 a 求导。方程中 $Q(a)$是量子势，它的表达式为

$$Q(a)=-\frac{\hbar^2}{m_p}\left(\frac{R''}{R}+\frac{p}{a}\frac{R'}{R}\right) \tag{3.11}$$

容易验证方程(3.9) 是连续性方程(Continuity Equation)。在小超空间模型中，系统的流密度为

$$j^a=\frac{i}{2}a^p(\psi^*\partial_a\psi-\psi\partial_a\psi^*)=-a^pR^2S' \tag{3.12}$$

对方程(3.9)整理并积分可以得到

$$\frac{p}{a}RS'+\frac{1}{R}(R^2S')'=0$$

$$\frac{\mathrm{d}(R^2S')}{R^2S'}+p\frac{\mathrm{d}a}{a}=0$$

$$a^pR^2S'=\mathrm{const}$$

因此可以得到$\partial_a j^a=0$，这表明方程(3.9)的确是连续性方程。

类似于量子力学中情形，方程(3.10)也是量子哈密顿-雅克比方程，比经典方程多了一项量子势 $Q(a)$。方程(3.10)中的函数 $R(a)$和 $S(a)$可以由宇宙波函数得到，它们与波函数之间的关系为

$$\psi(a)=U+\mathrm{i}W=R(a)\exp\left(\frac{iS(a)}{\hbar}\right) \tag{3.13}$$

$$R^2=U^2+W^2,\ S=\hbar\arctan\left(\frac{W}{U}\right) \tag{3.14}$$

通常来说，宇宙波函数应该是复函数。如果宇宙波函数是纯实函数或者纯虚函数，即 $W=0$ 或者 $U=0$，根据方程(3.13)和(3.14)可以得到 $S'=0$。这意味着量子势 $Q(a)$ 和经典势 $V(a)$始终相互抵消($V+Q=0$)，这样真空泡的半径是个常数，不会长大。为了找到宇宙加速膨胀的解，我们假设宇宙波函数的实部 U 和虚部 W 是非恒零函数。

通过量子哈密顿-雅克比理论，我们可以得到宇宙的半径随时间演化的关系(量子轨道)：

$$\frac{\partial L}{\partial\dot{a}}=\frac{-c^2}{G}a\dot{a}=\frac{\partial S}{\partial a}$$

$$\dot{a}=-\frac{G}{c^2a}\frac{\partial S}{\partial a} \tag{3.15}$$

方程(3.15)是一个一阶微分方程，称为诱导关系。通过方程(3.10) 和 (3.15)，我们可以得到哈勃参数的表达式：

$$H(t)=\frac{\dot{a}}{a}=\frac{G}{c^2}\frac{\sqrt{-m_p(Q+V)}}{a^2} \tag{3.16}$$

哈勃参数还可以通过方程(3.14)及方程(3.15)得到，这两种方法等价，可以得到相同的结果。当上述表达式(3.16)中 $Q\to 0$，得到

$$H^2 = -\frac{kc^2}{a^2} \tag{3.17}$$

上述方程即经典宇宙学中不含物质及宇宙学常数的弗里德曼方程(1.13)。可以看出量子势 $Q(a)=0$ 时，量子宇宙学回到经典宇宙学，但是在宇宙很小时，宇宙的量子效应起主要作用，方程(3.16) 的结果将不同于(1.13)。前面提到经典情况下，真空泡不能迅速长大，后文中我们将证明如果考虑真空泡的量子效应，真空泡的半径将可以指数地迅速长大，导致宇宙的产生。

3.3　量子化真空泡的暴胀解

在这一节中，我们将分别给出 $k=1$，-1，0 时惠勒-德威特方程的解，得到对应的宇宙波函数。通过上一节的方法我们可以得到量子化真空泡的演化情况。

3.3.1　封闭宇宙

对于封闭宇宙 $k=1$，惠勒-德威特方程(3.4)的解析解为

$$\psi(a) = \left(\frac{a}{l_p}\right)^{\frac{1-p}{2}}\left[\mathrm{i}c_1 I_\nu\left(\frac{a^2}{2l_p^2}\right) - c_2 K_\nu\left(\frac{a^2}{2l_p^2}\right)\right] \tag{3.18}$$

方程中 I_ν 是第一类修正贝塞尔函数，K_ν 是第二类修正贝塞尔函数，系数 c_1 和 c_2 是任意常数，为了简便，令 $\nu=|1-p|/4$。一般来说宇宙波函数是复数，系数 c_1 和 c_2 可以任意取值。但是正如前文的分析，如果波函数是纯实函数或者纯虚函数，$S'=0$，此时真空泡没有膨胀解，因此为了得到膨胀解，假设 c_1 和 c_2 都是实数。

由方程(3.13)和(3.14)，我们可以得到封闭宇宙波函数(3.18)的幅角部分和振幅部分分别为

$$S = \hbar \arctan\left[-\frac{c_1}{c_2}\frac{I_\nu(a^2/2l_p^2)}{K_\nu(a^2/2l_p^2)}\right]$$

$$R = a^{(1-p)/2}\sqrt{\left[c_1 I_\nu\left(\frac{a^2}{2l_p^2}\right)\right]^2 + \left[c_2 K_\nu\left(\frac{a^2}{2l_p^2}\right)\right]^2}$$

这里略去了 R 前的“±”和“l_p”，因为 R 前的正负号和常数不影响量子势的值 $Q(a)$，从方程(3.16)可以看出它们也不影响尺度因子及哈勃参数。当贝塞尔函数的自变量 $0<x\ll\sqrt{\upsilon+1}$ 时，贝塞尔函数的近似解形式为

$$I_\nu(x) \sim \frac{1}{\Gamma(\upsilon+1)}\left(\frac{x}{2}\right)^\nu$$

$$K_\nu(x) \sim \frac{\Gamma(\upsilon)}{2}\left(\frac{x}{2}\right)^\nu,\ \upsilon\neq 0$$

其中，$\Gamma(z)$是伽玛函数。根据贝塞尔函数的近似解，容易得到尺度因子很小时 S 的近似解为

$$S(a\ll l_p)\approx -\frac{2\hbar c_1}{c_2\Gamma(\upsilon)\Gamma(\upsilon+1)}\left(\frac{a^2}{4l_p^2}\right)^{2\nu},\ \upsilon\neq 0$$

根据诱导关系(3.15)，可以得到封闭宇宙尺度因子很小时的演化规律，即宇宙膨胀的轨迹为

$$a(t)=\begin{cases}\left[\dfrac{(3-4\upsilon)\lambda(\upsilon)}{3}(t+t_0)\right]^{1/3-4\upsilon}, & \upsilon\neq 0,\ \dfrac{3}{4}\\ e^{\lambda(3/4)(t+t_0)}, & \upsilon=\dfrac{3}{4}\end{cases}$$

其中，$\lambda(\upsilon)=\dfrac{6c_1}{(t_p4^{2\upsilon}c_2\Gamma(\upsilon)\Gamma(\upsilon+1))}$，量纲为 T^{-1}。对于 $\upsilon=0$ 即 $p=1$ 时的情形，我们将在后面讨论。

从上式容易看出，只有当算符次序因子 $p=-2$（或者 $p=4$ 即 $\upsilon=3/4$ 时），尺度因子 $a(t)$具有指数膨胀的解。此时，真空泡的量子势为

$$Q(a\to 0)=-\frac{E_p}{l_p^2}\left(a^2+\frac{\lambda\ (3/4)^2}{c^2}a^2\right)$$

我们发现量子势 $Q(a\to0)$中的第一项恰好完全和经典势 $V(a)=E_pa^2/l_p^2$ 相互抵消，而量子势中的第二项 $-E_p\lambda\ (3/4)^2a^4/l_p^2$的形式和导致暴胀解的慢变标量场的势函数或者宇宙学常数的形式和作用相同。后面将给出封闭宇宙哈勃参数 $H(t)=\dot{a}/a$ 演化的数值解。

3.3.2 开放宇宙

对于开放宇宙 $k=-1$，惠勒-德威特方程(3.4)的解为

$$\psi(a)=\left(\frac{a}{l_p}\right)^{\frac{1-p}{2}}\left[\mathrm{i}c_1J_\upsilon\left(\frac{a^2}{2l_p^2}\right)+c_2Y_\upsilon\left(\frac{a^2}{2l_p^2}\right)\right] \tag{3.19}$$

其中，J_υ 是第一类贝塞尔函数，Y_υ 是第二类贝塞尔函数，$\upsilon=|1-p|/4$。由开放宇宙的波函数(3.19)以及方程(3.13)和(3.14)，我们可以得到

$$S=\hbar\arctan\left[\frac{c_1}{c_2}\frac{J_\upsilon(a^2/2l_p^2)}{Y_\upsilon(a^2/2l_p^2)}\right]$$

和

$$R=a^{(1-p)/2}\sqrt{\left[c_1J_\upsilon\left(\frac{a^2}{2l_p^2}\right)\right]^2+\left[c_2Y_\upsilon\left(\frac{a^2}{2l_p^2}\right)\right]^2}$$

当 $0<x\ll\sqrt{\upsilon+1}$时，$\upsilon\neq0$ 的第一类和第二类贝塞尔函数的近似解分别为

$$J_\upsilon(x)\sim\frac{(x/2)^\upsilon}{\Gamma(\upsilon+1)}$$

$$Y_\upsilon(x)\sim\frac{\Gamma(\upsilon)2^{\upsilon-1}}{x^\upsilon}$$

根据上述两式，我们可以得到

$$S(a\ll l_p)\approx-\frac{\hbar\pi c_1}{c_2\Gamma(\upsilon)\Gamma(\upsilon+1)}\left(\frac{a^2}{4l_p^2}\right)^{2\upsilon},\ \upsilon\neq0$$

将 S 的表达式代入诱导关系，可以得到开放宇宙在尺度因子很小时的演化规律为

$$a(t)=\begin{cases}\left[\dfrac{(3-4\upsilon)\bar{\lambda}(\upsilon)}{3}(t+t_0)\right]^{1/3-4\upsilon}, & \upsilon\neq 0,\ \dfrac{3}{4}\\ e^{\bar{\lambda}(3/4)(t+t_0)}, & \upsilon=\dfrac{3}{4}\end{cases}$$

其中，$\bar{\lambda}(\upsilon)=\dfrac{3\pi c_1}{(t_p 4^{2\upsilon} c_2 \Gamma(\upsilon)\Gamma(\upsilon+1))\upsilon}$。

与封闭宇宙的情形相同，当 $p=-2$（或者 4）的时候，尺度因子 $a(t)$具有指数膨胀的行为。此时量子势为

$$Q(a\rightarrow 0)=-\frac{E_p}{l_p^2}\left(a^2-\frac{\bar{\lambda}\,(3/4)^2}{c^2}a^4\right)$$

量子势 $Q(a\rightarrow 0)$中含有 a^2 的项恰好和经典势 $V(a)$相互抵消，量子势中的第二项 $-E_p\bar{\lambda}\,(3/4)^2 a^4/l_p^2 c^2$ 推动了宇宙的加速膨胀。

3.3.3　平坦宇宙

对于平坦宇宙 $k=0$，惠勒-德威特方程(3.4)的解为

$$\psi(a)=\frac{\mathrm{i}c_1}{1-p}\left(\frac{a}{l_p}\right)^{1-p}-c_2$$

式中，$p\neq 1$，同样地我们可以得到

$$S=\arctan\left[-\frac{c_1}{c_2(1-p)}\left(\frac{a}{l_p}\right)^{1-p}\right],\ p\neq 1$$

$$R=\sqrt{c_2^2\left(\frac{c_1}{1-p}\frac{a^{1-p}}{l_p^{1-p}}\right)^2},\ p\neq 1$$

根据诱导关系(3.15)，我们可以得到尺度因子 $a(t)$随时间变化的关系：

$$a(t)=\begin{cases}\left[\dfrac{c_1}{c_2}(3-|1-p|)\dfrac{(t+t_0)}{t_p}\right]^{1/3-|1-p|}, & |1-p|\neq 0,3\\ \mathrm{e}^{\frac{c_1}{c_2}\frac{(t+t_0)}{t_p}}, & |1-p|=3\end{cases}$$

从上式可以看出，只有当 $p=-2$（或者 4）时，具有平坦空间的小真空泡可以指数地膨胀。其对应的量子势为

$$Q(a\rightarrow 0)=-E_p\left(\frac{c_1}{c_2}\right)^2\frac{a^4}{l_p^4}$$

平坦时空的经典势 $V(a)=0$。这表明量子势的确是导致真空泡加速膨胀并形成宇宙的动力。

3.4　哈勃参数和量子势的数值解

从前文的讨论中可以看出，哈勃参数、量子势及尺度因子的变化依赖于三个参数：① 算符次序因子 $R(a)$；② 由边界条件决定的 c_1/c_2；③ 由初始条件决定的尺度因子的初始值 a_0。这一节，我们将研究哈勃参数、量子势在不同的 p 和 c_1/c_2 条件下随时间的演化关系。

3.4.1　算符次序因子对哈勃参数的影响

前面给出了不同宇宙波函数的振幅部分 $R(a)$，根据方程(3.11)，我们可以得到对应的量子势 $Q(a)$的值。进而根据方程(3.16)，可以得到哈勃参数的演化情况。前面给出了不同宇宙 $p=-2$ 时量子势及尺度因子在宇宙很小时的近似表达式，下面将给出几种不同 p 值

时，哈勃参数 $H(a)$ 的精确值。

更加详细的计算表明，无论封闭、开放还是平坦宇宙，当 $a\to 0$ 时，若 $\upsilon<3/4$，哈勃参数将发散；若 $\upsilon>3/4$，哈勃参数趋于零。这表明只有当 $\upsilon=3/4$ 也就是 $p=-2$（或者 4)时，真空泡具有指数加速膨胀的解。当真空泡长大后，不同的算符次序因子给出相同的哈勃参数。

从图 3.2～图 3.4 可以看出，当宇宙很小(即 $a\sim l_p$)时，p 起重要作用，不同的 p 对哈勃参数影响很大。但是当宇宙很大(即 $a\gg l_p$)时，p 对宇宙的演化没有影响。这表明算符次序因子 p 可能对宇宙的量子效应有影响，这一点我们将在后面详细讨论。

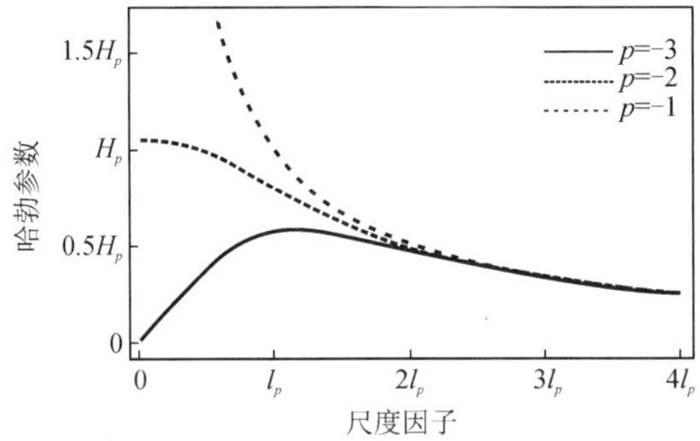

图 3.2　算符次序因子对封闭宇宙哈勃参数的影响

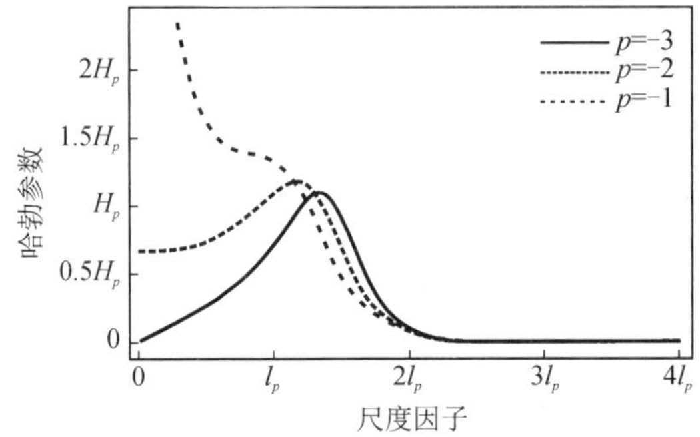

图 3.3　算符次序因子对开放宇宙哈勃参数的影响

算符次序因子 $p=1$ 时封闭宇宙和开放宇宙对应的 WDW 方程(3.4)的解仍然是式(3.18)和式(3.19)。而平坦宇宙 WDW 方程(3.4)的解为

$$\psi(a)=\mathrm{i}c_1-c_2\ln a$$

通过上面的方法可以算出，三种形式的宇宙量子势 $Q(a)$ 在 $a\to 0$ 时都发散。若要求量子势 $Q(a\to 1)$ 在 $a\to 0$ 时是有限值，则推出 c_1 或者 c_2 为零，这导致 $k=0$，± 1 三种情况下都会得到 $a(t)$ 为常数的结果。

3.4.2　量子势

计算表明，无论是封闭、开放还是平坦宇宙，只要算符次序因子取 $p=-2$（或者 4)，宇宙就会指数地加速膨胀。前文的分析指出，推动宇宙指数加速膨胀的动力是量子势。接

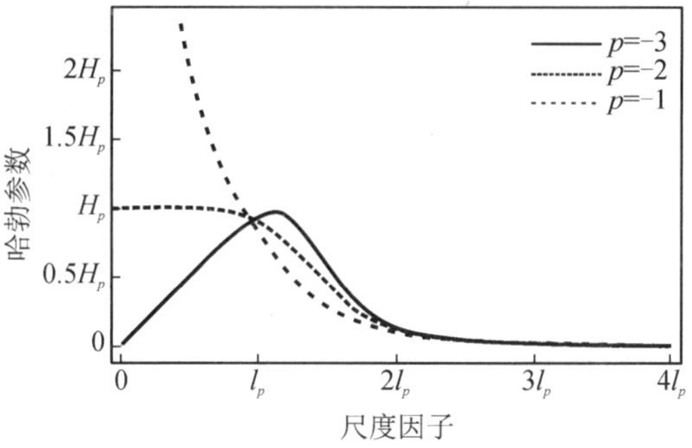

图 3.4　算符次序因子对平坦宇宙哈勃参数的影响

下来我们将研究量子势随着宇宙长大的变化情况。为了简便，取 $p=-2$，$c_1/c_2=1$ 来计算量子势的数值解。图 3.5 中三条曲线分别表示封闭、开放和平坦宇宙的量子势随尺度因子的变化情况。图 3.6 中三条曲线分别表示封闭、开放和平坦宇宙的量子势加经典势（即 $V(a)+Q(a)$）随尺度因子 a 的变化情况。

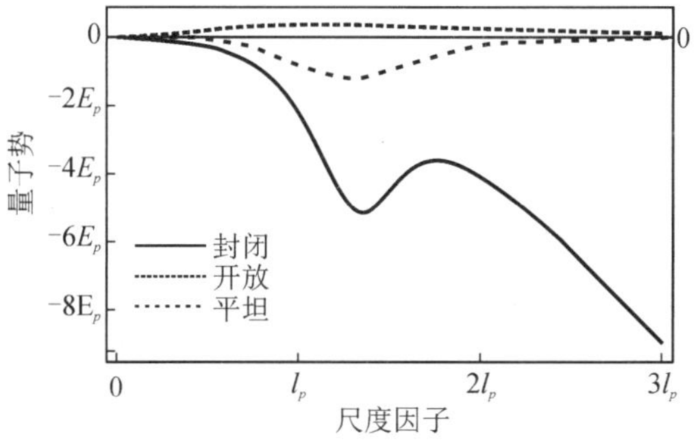

图 3.5　量子势随尺度因子的变化

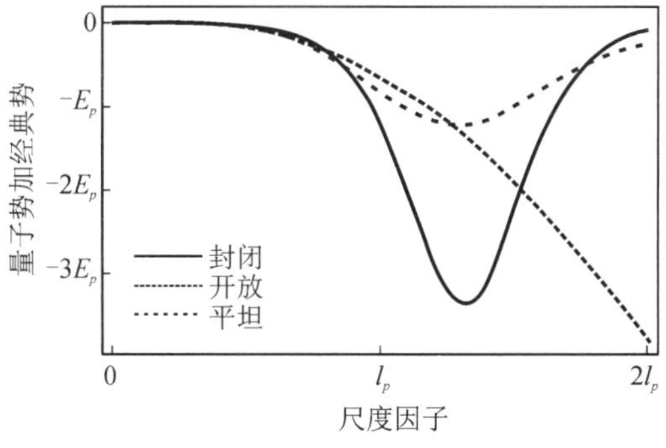

图 3.6　量子势加经典势随尺度因子的变化

从图 3.5 中我们发现，开放宇宙和平坦宇宙的量子势在宇宙很大时趋于零 $Q(a\gg l_p)\to 0$，这表明当宇宙足够大时量子效应越来越弱，可以被忽略，量子宇宙学给出的解过渡到经典宇宙学的解。对于封闭宇宙，在宇宙很大时量子势 $Q(a\gg 1)\approx -a^2$，正好和经典势相互抵消。这表明封闭宇宙的量子效应始终很重要，无论宇宙很大还是很小。这和前文给出的封闭宇宙的尺度因子 a 是虚数没有经典解的结论相同。根据德布罗意-玻姆量子轨道理论，封闭宇宙在 a 很大时处于稳态，哈勃参数 $H(a\gg1)\to0$。综上所述，无论是封闭、开放还是平坦宇宙，宇宙很小时尺度因子 a 指数加速膨胀，当 a 变大时，宇宙停止指数加速膨胀，暴胀结束。

对于三种类型的宇宙，当宇宙很小时，即 $a\sim l_p$，量子势加上经典势正比于 $-a^4$，$Q(a)+V(a)\approx-a^4$。从图 3.8 可以看出，$Q(a)+V(a)$在 $a\sim l_p$ 时变化很小，而且具有相同的形式；当宇宙变大时($a>l_p$)，变化迅速，这和慢滚暴胀模型的慢滚条件吻合。这证明了在量子宇宙学中量子势为真空泡暴胀提供了动力，导致其迅速长大形成宇宙。而在以往的暴胀模型中，人们需要假设一个慢变的标量场来实现该过程。

图 3.7 表示封闭、开放以及平坦宇宙中哈勃参数随尺度因子的演化情况，其中 $p=-2$，$c_1/c_2=1$。图 3.7 表明哈勃参数 H 在宇宙很小时(即 $a\ll l$)近似于常数。对于封闭宇宙和平坦宇宙，随着宇宙的长大(如 $a\gg3l_p$)，哈勃参数迅速减小到零。而对于开放宇宙，宇宙足够大之后，哈勃参数 $H(a)\sim1/a$。这表明尺度因子很大时，宇宙将匀速膨胀。因此，无论是封闭、开放或是平坦宇宙，在尺度因子变大后，宇宙都将停止加速膨胀。

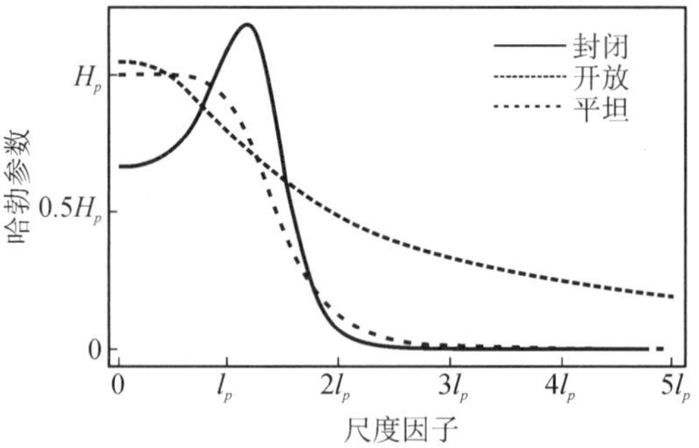

图 3.7 哈勃参数随尺度因子的演化情况

3.4.3 不同 c_1/c_2 对哈勃参数的影响

从上一节的计算中可以看出，尺度因子以及哈勃参数的演化还依赖于参数 c_1/c_2。由于惠勒-德威特方程(3.4)是一个二阶微分方程，因此任意常数 c_1 和 c_2 是解方程而引入的积分常数。在量子力学中，波函数也含有两个任意参数，这两个参数一般由边界条件和归一化条件确定。同样地，在量子宇宙学中，c_1/c_2 也应该由边界条件确定，使用德布罗意-玻姆轨道理论时不需要将波函数归一化，因为波函数前整体加个常数不影响结论，所以在所有的量子势、尺度因子以及哈勃参数的表达式中只出现 c_1/c_2 的形式。下面给出不同 c_1/c_2 对哈勃参数的影响。

因为我们更关注宇宙的暴胀解，为了简便，给出了 c_1/c_2 取不同值对暴胀解($p=-2$)的影响。在图 3.8 和图 3.9 中，分别给出了 c_1/c_2 取不同值时，封闭宇宙以及平坦宇宙的哈勃参数演化的数值解，从图中可以看出，c_1/c_2 不同时，同一类宇宙的哈勃参数具有相同的函数形式，只是相互之间在数值上均正比于 c_1/c_2。这表明对于这两种宇宙，c_1/c_2 只影响哈勃参数的数值大小，不影响暴胀解的形式。

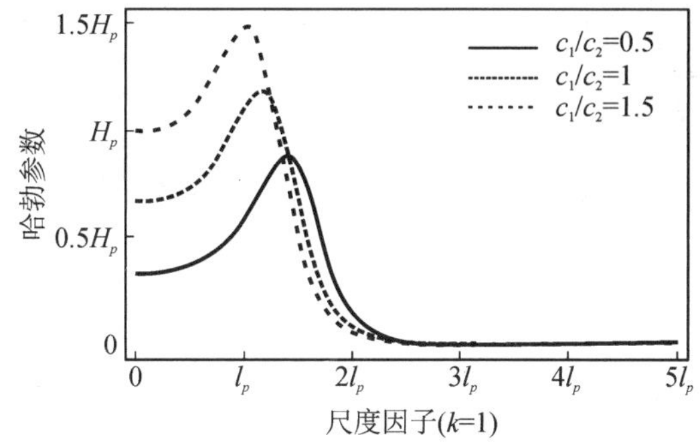

图 3.8　c_1/c_2 取不同值时封闭宇宙哈勃参数的演化

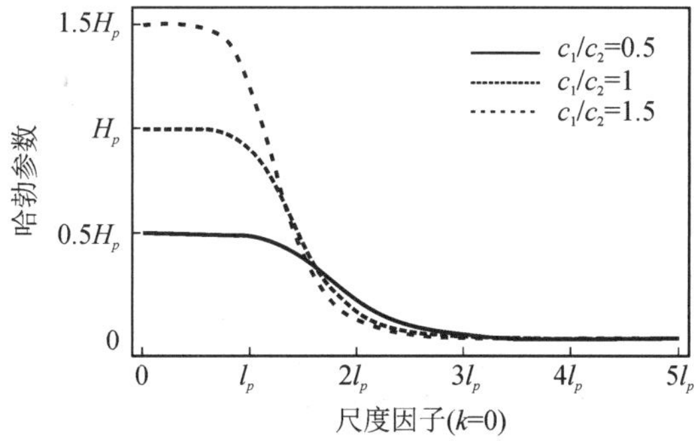

图 3.9　c_1/c_2 取不同值时平坦宇宙哈勃参数的演化

然而对于开放宇宙，图 3.10～图 3.12 表明在宇宙很小的时候 $a<l_p$，不同的 c_1/c_2 依然给出暴胀解；但是随着宇宙的长大，$c_1/c_2\neq1$ 时，哈勃参数振荡着减小，直到宇宙很大时趋于零，此时量子势以及 $Q(a)+V(a)$ 都发生振荡，c_1/c_2 偏离 1 越大时，振荡周期越小。

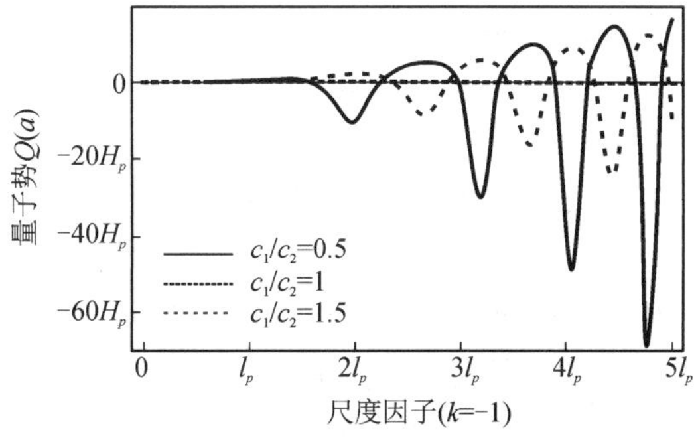

图 3.10　表示 c_1/c_2 取不同值时量子势的演化

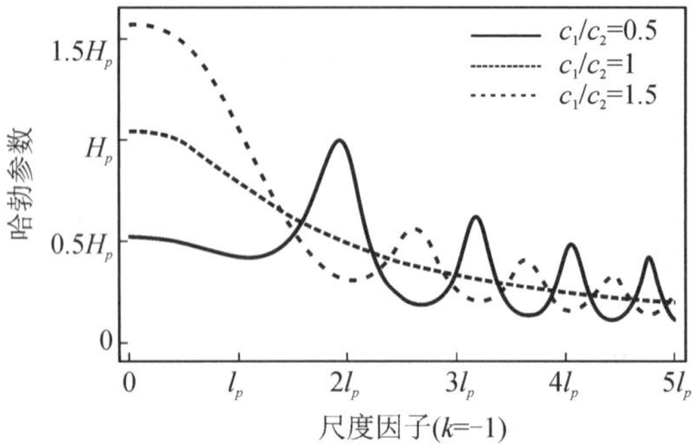

图 3.11　表示 c_1/c_2 取不同值时量子势的演化

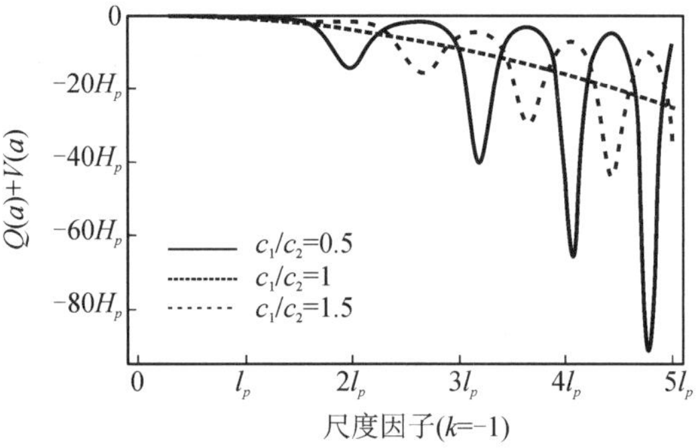

图 3.12　表示 c_1/c_2 取不同值时量子势与经典势之和的演化

综上所述，c_1/c_2 的改变会影响暴胀时期哈勃参数的大小，即宇宙膨胀的快慢，但是不会影响暴胀解的存在性。以上讨论中我们假设 c_1，c_2 都是实数，可以证明当 c_1，c_2 都是虚数时不影响结论。当 c_1，c_2 都是虚数时，根据方程(3.13)，可以得到量子化作用量 S 的表达式(以封闭宇宙为例)：

$$\widetilde{S}=\arctan\left[-\frac{c_1}{c_2}\frac{I_{\widetilde{p}-1/4}(a^2/2)}{I_{1-\widetilde{p}/4}(a^2/2)}\right]$$

式中"～"表示 c_1，c_2 为虚数时的各个物理量。我们发现当 $\widetilde{p}=2-p$ 时，$\widetilde{S}$ 和 S 完全相同。因此，此时宇宙的演化规律不变。同样地，对于开放宇宙和平坦宇宙，可以得到相同的结论。

3.5　量子势的其他形式

根据连续性方程(3.9)，我们可以将 R'/R 用量子化后的作用量 $S(a)$ 表示出来：

$$\frac{R'}{R}=-\frac{1}{2}\left(\frac{p}{a}+\frac{S''}{S'}\right)$$

进而可以得到

$$\frac{R''}{R}=\frac{p^2+2p}{4a^2}+\frac{3S''^2}{4S'^2}+\frac{pS''}{2aS'}-\frac{S''}{2S'}$$

将上式代入量子势的表达式(3.11)中，可以得到

$$Q(a)=-\left[\frac{-p^2+2p}{4a^2}+\frac{3\,(S'')^2}{4\,(S')^2}-\frac{S''}{2S'}\right] \tag{3.20}$$

算符次因子 p 只存在于量子势的第一项中，这表明 p 在宇宙很小时($a\ll1$)起重要作用。将诱导关系(3.15)代入上述方程(3.20)中，可以得到量子势随尺度因子 S 和 $\dot{a}$ 变化的表达式：

$$Q(a)=-\frac{1}{4a^2}\left[-p^2+2p+3+\frac{2a\dot{a}'}{\dot{a}}+\frac{3\,(a\dot{a}')^2}{\dot{a}^2}-\frac{2a^2\dot{a}''}{\dot{a}}\right]$$

从上式可以发现，当尺度因子 $a\gg1$ 时，量子势 $Q(a)$ 很小，可以忽略；与此同时，p 对系统的影响也随着宇宙的增大而减小。这个结论和 Hartle 和 Hawking 的文章以及 Vilenkin 的文章相同，p 的取值不影宇宙的半经典行为。在量子力学量子-经典过渡的研究表明，量子势主导物理系统的量子效应，当量子势 $Q(a)$ 相对经典势可忽略时，系统的行为过渡到经典。同样地，我们的研究表明，在量子宇宙学中，宇宙很小时量子效应对宇宙的演化起关键作用。当宇宙变大可由经典宇宙论描述宇宙的行为。

宇宙学中用 e -叠数(The e-folding number)表示在暴胀时期宇宙膨胀了多少倍，其定义式为 $N\equiv\ln\frac{a_{\rm end}}{a_o}$，其中 $a_{\rm end}$，a_0 分别表示暴胀结束和暴胀开始时的尺度因子。下面考虑暴胀模型中，暴胀阶段将持续多久。计算表明，当尺度因子 a 达到普朗克长度时(即 $a\sim l_p$)，暴胀将退出。在暴胀时期哈勃参数近似于常数，因此 $a\approx a_o{\rm e}^{Ht}$，故 e -叠数为

$$N=\ln\frac{a_{\rm end}}{a_o}\approx Ht_{\rm end}$$

可以看出，e -叠数 N 取决于宇宙的初始条件 $a\sim l_p{\rm e}^{-N}$，所以只要宇宙的初始尺度因子足够小，暴胀就可以持续足够长的时间($t_{\rm end}\approx Nt_p$)。标准的暴胀模型要求 $N\sim60$，这表明在我们的暴胀模型中暴胀时期需要持续大约 60 个普朗克时间($t_p\approx5.39\times10^{-44}$ s)。

本章小结

对于由暴胀场 φ 导致的暴胀，暴胀产生的曲率标量和张量扰动的功率谱分别为

$$P_{\rm R}\sim\left(\frac{V^3}{m_p^6\,(V')^2}\right)_{k=aH}$$

$$P_{\rm T}\sim\left(\frac{V}{m_p^4}\right)_{k=aH}$$

其中，$V(\varphi)$是暴胀场 φ 的势函数，公式中 V' 表示 V 对标量场 φ 的导数。在慢滚暴胀模型中，标量场的能量密度为 $\rho=\dot{\varphi}^2/2+V(\varphi)\approx V(\varphi)$，根据弗里德曼方程可以得到 $\rho=3m_p^2H^2/8\pi$。定义 $r=P_{\rm T}/P_{\rm R}$ 为张量-标量比。BICEP2 的观测表明 $r\approx0.2$，$P_{\rm R}\approx10^{-9}$，因此可以得到 $P_{\rm T}\approx10^{-10}$，$\rho\approx10^{-10}m_p^4$ 和 $H\approx10^{-5}m_p$。

需要指出的是，上述结果得到的哈勃参数 $H\sim10^{-5}m_p$ 依赖于暴胀模型。我们的暴胀模型中没有标量场，所以还不知道上述结果是否可以直接用于模型。哈勃参数的具体数值对于宇宙的再加热有影响，在以后的研究中将讨论如何确定哈勃参数的值。

本章节首先给出了宇宙可以自发地从无产生的一个数学证明；一旦小真空泡由于量子涨落而产生，在算符次序因子 $p=-2$（或者 4）时，该真空泡将指数级地加速膨胀，这样便产生了早期的宇宙；其次，研究表明：量子势为早期宇宙的指数膨胀提供了动力，宇宙长大后量子势减小，宇宙停止加速膨胀。这表明宇宙的产生完全取决于其量子机制。数值计算表明，在暴胀时期宇宙的哈勃参数 $H=\dot{a}/a\sim 1/t_p$，当宇宙的尺度因子超过 $a\sim l_p$ 时指数膨胀将停止，暴胀退出。在暴胀阶段（即 $a\sim l_p$）量子势加上经典势正比于 a^4；宇宙长大后（$a>l_p$）量子势加经典势迅速减小。这表明真空泡的量子势满足慢滚暴胀的条件。这样我们可以得到结论：在不包含任何物质的量子宇宙学中真空泡的量子势扮演着经典慢滚暴胀理论中暴胀场的角色，推动了宇宙膨胀。

本章节在确定宇宙波函数中的自由参数时，选择了 $c_1=c_2$，即类似于 Vilenkin 隧穿模型的波函数。如果选择 c_1 或 c_2 其中一个等于零，另一个为实数可以得到霍金给出的无边界宇宙波函数，但此时宇宙波函数为纯实数（纯虚数），此时 $S'(a)\equiv 0$，量子势和经典是恰好抵消，$V+Q=0$，因此哈勃参数任何阶段都等于零。

人们也许会问到，早期宇宙的空间、时间以及宇宙中的物质如何产生呢？根据计算，随着真空泡的指数膨胀，时间和空间自然地产生。由于海森堡不确定性原理，真空中的量子涨落会导致真空中不断产生虚粒子对。一般来说，虚粒子对在产生之后会迅速湮灭。但是在指数加速膨胀的宇宙中，虚粒子对中的两个粒子在湮灭之前会由于空间的膨胀作用而迅速分开。因此，在宇宙指数加速膨胀阶段会有大量的粒子从真空中产生出来。关于粒子如何产生的严格数学描述我们将在第 6 章详细讲述。

第 4 章　宇宙波函数的动力学解释

在量子力学中，一个粒子的量子态完全由其波函数描述，波函数由薛定谔方程确定。波函数的二次方刻画粒子处于 r 点附近的概率大小的一个量，即 $|\psi(r)|^2\Delta x\Delta y\Delta z$ 表示在 r 处体积为 $\Delta x\Delta y\Delta z$ 的空间内找到粒子的概率。因此波函数的二次方被解释为粒子在某处的概率密度。这是玻恩提出的波函数概率诠释。它是量子力学的基本原理之一，也是教科书中对量子力学波函数的标准解释。

量子宇宙学中，宇宙波函数描述整个宇宙的演化，宇宙波函数遵从量子宇宙学的基本方程惠勒-德威特方程。原则上，宇宙波函数包含宇宙的所有信息，但是我们很难从宇宙波函数中得到所有信息。由于惠勒-德威特方程和薛定谔方程都描述量子系统，而且在某些条件下这两个方程的形式很相似，因此人们很容易想到，宇宙波函数也应该满足统计诠释。如果对宇宙波函数直接采用统计诠释，那么宇宙波函数的模方 $|\psi(h_{ij},\varphi)|^2$ 表示宇宙处于状态 (h_{ij},φ) 的概率密度。即宇宙处于超空间 A 的概率为

$$P(\mathscr{A})\propto\int_{\mathscr{A}}|\psi|^2\mathrm{d}\mathscr{A}$$

其中，$\mathrm{d}\mathscr{A}$ 表示超空间的体积元。但是这种解释也存在问题，上述形式给出的是宇宙处于某个状态的绝对概率，然而我们所处的宇宙只有一个，因此很难理解也无法观测到宇宙处于某个状态的概率。而且对于唯一的宇宙来说，实验对象只有一个，也无法通过多次的实验观测来确定宇宙处于某个状态的概率。因此在量子宇宙学中，必须放弃宇宙波函数的统计解释。

本章将在简单的小超空间模型下研究宇宙波函数的性质，给出宇宙波函数的动力学解释。首先，根据概率密度收敛的要求，我们给出惠勒-德威特方程中由于算符次序的不确定而引入的不确定性参数的一个约束。其次，将概率密度与描述宇宙演化快慢的哈勃参数联系起来。这样我们建议量子引力中宇宙的波函数应该遵从动力学解释，而不是量子力学中的统计解释。运用波函数的动力学解释，我们证明：宇宙很小时惠勒-德威特方程可以给出宇宙的暴胀解；而宇宙很大时，量子宇宙的解回归到经典宇宙学的结论。

4.1　宇宙波函数的动力学解释

我们考虑一个均匀、各向同性包含不同内容物的宇宙，此时宇宙可以由小超空间模型描述。根据计算表明，系统的拉格朗日量可以写为

$$\mathscr{L}=\frac{Nc^4}{2G}\left(ka-\frac{a\dot{a}^2}{N^2c^2}-\frac{G\epsilon_n a^3}{c^4}\right)\tag{4.1}$$

式中，$\dot{a}$ 表示尺度因子对时间 t 的导数，共轭动量 p_a 为

$$p_a = \frac{\partial \mathscr{L}}{\partial \dot{a}} = -\frac{c^2 a\dot{a}}{NG}$$

因此，系统的哈密顿量可以由拉格朗日量 $\mathscr{L}$ 和动量 p_a 表示为

$$\mathscr{H} = p_a \dot{a} - \mathscr{L}$$

取延迟函数 $N=1$ 可以得到系统的哈密顿量为

$$H = -\frac{1}{2}\left(\frac{Gp_a^2}{c^2 a} + \frac{c^4 ka}{G} - \varepsilon_n a^3\right)$$

量子宇宙学中，宇宙的演化由遵从惠勒-德威特方程的量子态决定。由 $\mathscr{H}\Psi=0$ 以及 $p_a^2 = -\hbar^2 a^{-p}\frac{\partial}{\partial a}\left(a^p \frac{\partial}{\partial a}\right)$，可以得到惠勒-德威特方程：

$$\left(\frac{\hbar^2}{m_p}\frac{1}{a^p}\frac{\partial}{\partial a}a^p\frac{\partial}{\partial a} - \frac{E_p}{l_p^2}ka^2 + \frac{\varepsilon_n a^4}{l_p}\right)\psi(a) = 0 \tag{4.2}$$

数学上，任意一个复函数 $\psi(a)$ 可以写为 $\psi(a)=R(a)\exp(\mathrm{i}S(a)/\hbar)$，其中 R 和 S 都是关于 a 的实函数。因此可以得到

$$\rho(a) = |\psi(a)|^2 = R(a)^2$$

其中，$\rho(a)$ 表示宇宙处于状态 a 的概率密度；$\int_{a_1}^{a_2}\rho(a)\mathrm{d}a$ 表示在宇宙演化过程中宇宙处于尺度因子 a_1 到 a_2 之间的概率，这正比于宇宙从 a_1 演化到 a_2 所用的时间。从惠勒-德威特方程(4.2)出发，很容易得到系统的守恒流 j^a 以及守恒方程：

$$j^a = \frac{\mathrm{i}}{2}a^p(\psi^* \partial_a \psi - \psi \partial_a \psi^*)$$

$$\partial_a j^a = 0 \tag{4.3}$$

将波函数的表达式代入式(4.3)中的第一式可以得到

$$j^a = -a^p R^2 S' \tag{4.4}$$

式中，S' 表示作用量 S 对 a 的导数，这样根据式(4.3)中的第二式可以得到

$$-a^p R^2 S' = c_0 \tag{4.5}$$

其中，c_0 是积分常数。从式(4.4)可以看出守恒流 j^a 不是正定的，j^a 的正负取决于 S'。量子场论中同样会出现负的几率密度，量子场论中把波函数分成正频和负频部分，它们分别对应粒子和反粒子。在我们的理论中，负的几率流也没有问题，正、负几率流 j^a 分别表示宇宙的膨胀解和收缩解。

根据量子哈密顿-雅克比理论，作用量与动量之间的关系为

$$\frac{\partial S}{\partial a} = \frac{\partial \mathscr{L}}{\partial \dot{a}} = -a\dot{a} \tag{4.6}$$

结合方程(4.5)和方程(4.6)，我们可以得到宇宙的概率与宇宙演化之间的关系为

$$\rho(a) = -\frac{c_0}{a^{p+1}\dot{a}} \tag{4.7}$$

根据哈勃参数的定义式

$$H \equiv \frac{\dot{a}}{a}$$

可以将宇宙的概率密度重新写成

$$\rho(a) = -\frac{c_o}{a^{p+2}H(a)} \tag{4.8}$$

当常数 $c_o<0$ 时，宇宙膨胀；当 $c_0>0$ 时，宇宙收缩。由于 a 和 R^2 都为正，从方程(4.5)可以看出，c_o 的符号取决于 S'。宇宙的概率密度 $\rho(a)$ 只与宇宙的尺度因子和哈勃参数有关，这表明 $\rho(a)$ 只与宇宙膨胀(或收缩)的速度有关。$\rho(a)(a_2-a_1)$ 正比于宇宙从状态 a_1 演化到 a_2 所用的时间。因此概率密度 $\rho(a)$ 表示在整个宇宙演化过程中宇宙处于状态 a 的概率密度。这样给出了宇宙波函数的一个动力学解释。

宇宙波函数的动力学解释完全取决于宇宙概率密度的方程(4.7)，因此把方程(4.7)称为动力学解释方程。接下来，我们将证明利用宇宙波函数的动力学解释惠勒-德威特方程在经典极限下($a\gg1$)可以给出经典宇宙学弗里德曼方程的解；而在宇宙很小时($a\ll1$)利用该解释惠勒-德威特方程可以给出宇宙指数加速膨胀的暴胀解。

4.2　波函数动力学解释下的宇宙演化

如果要检验我们所给出的宇宙波函数的动力学解释是否合理，首先要验证该解释能否给出经典极限下宇宙的正确演化规律，其次，在宇宙很小时动力学解释应该能够体现宇宙的量子特性。经典宇宙中，宇宙分别经历了辐射主导、物质主导和暗能量主导时期，宇宙内不同类型的物质和能量在主导时期的演化可由弗里德曼方程给出。表4.1给出了由弗里德曼方程得到的经典宇宙的演化规律，宇宙由不同种类的能量所主导时，尺度因子的演化规律不相同，表中 n 表示能量密度为 $\varepsilon_n=\lambda_n/a^n$ 的物质。

表4.1　经典宇宙尺度因子的演化规

主导物质	能量密度与尺度因子的关系	尺度因子
辐射	$n=4$	$a(t)\propto(t+t_0)^{1/2}$
物质	$n=3$	$a(t)\propto(t+t_0)^{2/3}$
暗能量	$n=0$	$a(t)\propto e^t$

下面利用宇宙波函数的动力学解释来研究量子宇宙的演化。为了简便，讨论平坦宇宙($k=0$)的情形。令方程(4.2)中 $k=0$，得到包含能量密度为 ε_n 的平坦宇宙的 WDW 方程为

$$\left(\frac{1}{a^p}\frac{\partial}{\partial a}a^p\frac{\partial}{\partial a}+\varepsilon_n a^4\right)\psi(a)=0 \tag{4.9}$$

其中，$\varepsilon_n=\lambda_n/a^n$，下标 $n=4,3,0$ 分别表示宇宙由辐射、物质以及暗能量主导时期宇宙的能量密度。原则上，宇宙中同时包含这三种能量，宇宙的能量密度应该写为 $\varepsilon=\varepsilon_0+\varepsilon_3+\varepsilon_4$。这种情况下，我们无法给出惠勒-德威特方程(4.9)的严格解。实际上，由于这三种能量密度的演化规律不同，宇宙中总是由某一种能量密度 ε_n 占主导作用。因此我们可以用 ε_n 来替代 ε，而在宇宙膨胀的过程中 n 缓慢地从 $n=4$ 变化到 $n=0$。对于任意的 n，可以得到惠勒-德威特方程(4.9)的精确解：

$$\psi_n(a)=a^{\frac{1-p}{2}}\left[\mathrm{i}c_1J_\upsilon\left(\frac{\sqrt{\lambda_n}a^{3-n/2}}{3-n/2}\right)+c_2Y_\upsilon\left(\frac{\sqrt{\lambda_n}a^{3-n/2}}{3-n/2}\right)\right] \tag{4.10}$$

其中，$J_\alpha(x)$ 是第一类贝塞尔函数，$Y_\alpha(x)$是第二类贝塞尔函数，$\upsilon=|(1-p)/(n-6)|$，方程中 c_1，c_2 是积分常数。

4.2.1　量子宇宙的经典极限

首先考虑经典极限($a\gg 1$)下惠勒-德威特方程的解，对于 $x\gg|\upsilon^2-1/4|$，贝塞尔函数的近似解可以取为

$$J_\upsilon(x)\sim\sqrt{\frac{2}{\pi x}}\cos\left(x-\frac{\upsilon\pi}{2}-\frac{\pi}{4}\right)$$

$$Y_\upsilon(x)\sim\sqrt{\frac{2}{\pi x}}\sin\left(x-\frac{\upsilon\pi}{2}-\frac{\pi}{4}\right)$$

如果令惠勒-德威特方程的解为式(4.10)中的两个自由参数 $c_1=c_2=c_-\sqrt{\pi/2}$，那么可以得到经典极限下宇宙的波函数为

$$\psi_n(a)=c_-\,a^{\frac{n-2p-4}{2}}\mathrm{Exp}\left[\frac{-\mathrm{i}\sqrt{\lambda_n}a^{3-n/2}}{3-n/2}+\mathrm{i}\theta\right]\tag{4.11}$$

式中，$\theta=(3n-2p-16)\pi/(4n-24)$不影响宇宙的演化，也没有任何可观测效应。由上式可得 $S'<0$。根据方程(4.7)可以知道式(4.11)描述的是一个膨胀的宇宙，和 Vilenkin 利用隧穿方法得到的波函数相同。利用式(4.11)可以得到宇宙的概率密度为

$$\rho(a)=|\psi(a)|^2=c_-^2\,a^{-p-2+n/2}$$

利用波函数的动力学解释式(4.7)和 $\rho(a)$的表达式，我们得到宇宙尺度因子的演化规律为

$$\dot{a}=\frac{-c_0}{c_-^2\,a^{-1+n/2}}$$

其中，$c_0<0$。对上式变形可以得到

$$a^{-1+n/2}\mathrm{d}a=\frac{-c_0}{c_-^2}\mathrm{d}t$$

上式两边同时积分可以得到

$$a(t)\propto\begin{cases}(t+t_0)^{2/n}, & n\neq 0\\ \mathrm{e}^{t+t_0}, & n=0\end{cases}$$

对比表 4.1 容易看出，利用宇宙波函数的动力学解释给出的惠勒-德威特方程经典极限下的解和弗里德曼方程给出的解完全相同。有趣的是，经典极限下尺度因子的演化表达式中不含有 p，这表明 p 只影响宇宙的量子效应。

4.2.2　宇宙的量子演化

本节我们将利用宇宙波函数的动力学解释来研究早期宇宙($a\ll 1$)的演化规律。如果 $x\ll|\upsilon^2-1/4|$，则贝塞尔函数的近似解为

$$J_\upsilon(x)\sim\left(\frac{x}{2}\right)^\upsilon\frac{1}{\Gamma(\upsilon+1)}$$

$$Y_\upsilon(x)\sim-\frac{\Gamma(\upsilon)}{\pi}\left(\frac{x}{2}\right)^{-\upsilon}$$

利用贝塞尔函数的近似解，可以得到宇宙波函数(4.10)在宇宙很小($a\ll1$)时的近似解：

$$\psi_n(a)=c_-\sqrt{\frac{\pi}{2}}\left[\frac{-\mathrm{i}\lambda_n^{v/2}a^{1-p}}{\Gamma(v+1)(6-n)^v}-\frac{\Gamma(v)\ (6-n)^v}{\pi\lambda_n^{v/2}}\right]$$

这里假设 $p<1$，否则波函数发散。常数 c_1 和 c_2 依然取经典极限下的取值 $c_-\sqrt{\pi}2$。由上式可得宇宙的概率密度为

$$\rho(a\ll1)=|\ \psi_n(a\ll1)\ |^2=c_-^2\ \frac{\Gamma^2(v)\ (6-n)^{2v}}{2\pi\lambda_n^v}$$

由此可以看出在宇宙很小时，宇宙概率密度近似于常数，我们用常数 ρ_0 表示 $\rho(a\ll1)$。利于宇宙波函数的动力学解释式(4.7)可以得到宇宙很小时尺度因子的演化规律：

$$a^{p+1}\dot{a}=-\frac{c_0}{\rho_0}$$

$$a^{p+1}\,\mathrm{d}a=-\frac{c_0}{\rho_0}\mathrm{d}t$$

对上式积分可以得到

$$a(t)=\begin{cases}[-(p+2)c_0(t+t_0)/\rho_0]^{\frac{1}{p+2}}, & p\neq-2\\ \mathrm{e}^{H(t+t_0)}, & p=-2\end{cases}$$

式中，$H=-\frac{c_0}{\rho_0}$。极早期宇宙中辐射形式的能量占主导 $n=4$，利用方程(4.5)，可以得到

$$H=-\frac{c_0}{\rho_0}=-\frac{c_0}{c_-^2}\lambda_4^{3/2}=\lambda_4^{3/2}$$

当宇宙很小($a\ll1$)时，宇宙的量子效应占主导作用，宇宙的演化取决于 p，不同的 p 给出不同的尺度因子 $a(t)$。由 $p=-2$ 可以给出早期宇宙指数加速膨胀的解，这和量子轨道理论给出的结论相同。

我们可以得出结论，从惠勒-德威特方程出发，波函数的动力学解释可以给出早期宇宙的指数加速膨胀解以及经典极限下宇宙的正确演化规律。宇宙很小时宇宙膨胀很快，宇宙的概率密度 $\rho(a)$ 很小；暴胀结束时宇宙膨胀减慢，$\rho(a)$ 增加；宇宙后期暗能量推动宇宙快速膨胀，$\rho(a)$ 又变小。

4.3　宇宙波函数动力学解释的数值解

单独包含能量密度为 $\varepsilon_n=\lambda_n/a^n$ 的惠勒-德威特方程(4.9)的严格解为式(4.10)。为了要求宇宙波函数处处有限，假设惠勒-德威特方程中 $p=-2$，波函数中 $c_1=c_2=c\sqrt{\pi/2}$，因此得到宇宙的波函数为

$$\psi_n(a)=ca^{\frac{3}{2}}\sqrt{\frac{\pi}{2}}\left[\mathrm{i}J_{\frac{3}{6-n}}\left(\frac{\sqrt{\lambda_n}a^{3-n/2}}{3-n/2}\right)+Y_{\frac{3}{6-n}}\left(\frac{\sqrt{\lambda_n}a^{3-n/2}}{3-n/2}\right)\right]\tag{4.12}$$

根据上式，可以得到宇宙的概率密度为

$$\rho_n(a)\equiv|\ \psi_n(a)\ |^2=\frac{\pi a^3}{2}\left[J^2_{\frac{3}{6-n}}\left(\frac{\sqrt{\lambda_n}a^{3-n/2}}{3-n/2}\right)+Y^2_{\frac{3}{6-n}}\left(\frac{\sqrt{\lambda_n}a^{3-n/2}}{3-n/2}\right)\right]\tag{4.13}$$

前文介绍过用 $\varepsilon_n=\lambda_n/a^n$ 来模拟宇宙中的能量密度，其中随着宇宙的长大，宇宙分别经历辐射主导时期 $n=4$、物质主导时期 $n=3$、暗能量主导时期 $n=0$。在宇宙的整个演化过程中 n 缓慢地从 4 减小到 0。假设缓慢变化的 n 对波函数的解，即式(4.12)影响不大，因此用 $n=\frac{8}{\pi}\mathrm{Arctan}(10^5/a^2)$ 来代替宇宙概率密度公式(4.13)中的 n。这样可以给出宇宙概率密度的一个连续解。宇宙概率密度随宇宙大小的关系如图 4.1 所示。根据宇宙波函数的动力学解释，由宇宙概率密度(4.13)，可以得到宇宙哈勃参数在整个宇宙演化过程中的变化曲线，如图 4.2 所示，为了清晰显示宇宙的演化，图中横坐标为尺度因子的对数。从图中可以看出，当 $a<l_p$ 时，宇宙波函数密度很小且变化缓慢，此时哈勃参数很大，对应宇宙的暴胀阶段。随后哈勃参数迅速减小，宇宙进入辐射、物质主导时期。在宇宙后期，宇宙进入暗能量主时期，哈勃参数为常数，宇宙指数加速膨胀。

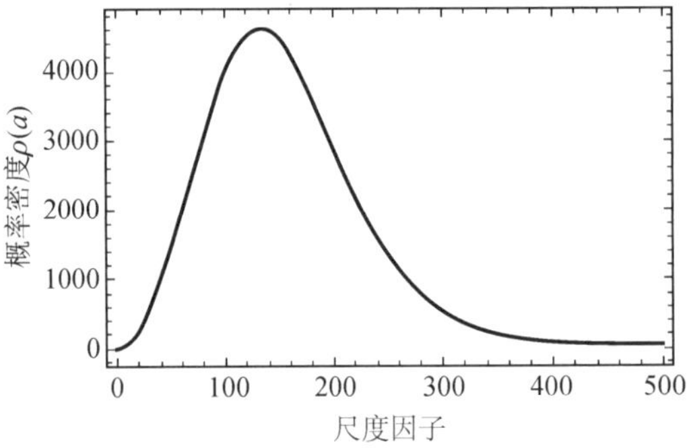

图 4.1　宇宙概率密度随宇宙尺度因子的关系

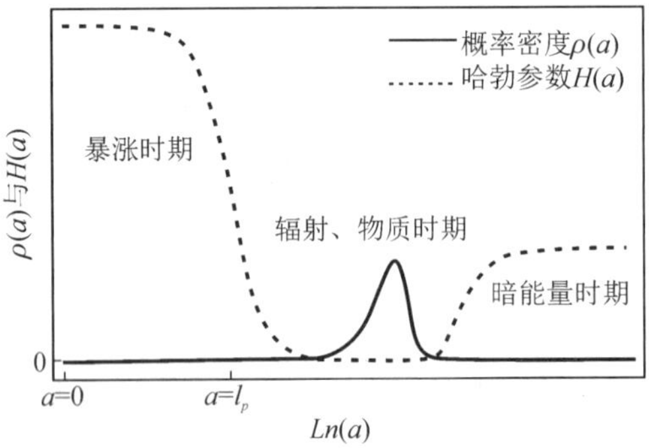

图 4.2　宇宙概率密度和哈勃参数随宇宙尺度因子的变化关系

4.4　包含标量场的宇宙波函数的动力学解释

量子宇宙学中，包含一个标量场的小超空间模型应用得最为广泛。接下来将讨论在这种模型下宇宙波函数的动力学解释。对于包含标量场 φ 的 FRW 宇宙，惠勒-德威特方程为

$$\left[\frac{1}{a^p}\frac{\partial}{\partial a}a^p\frac{\partial}{\partial a}-\frac{1}{a^2}\frac{\partial^2}{\partial\varphi^2}-U(a,\varphi)\right]\psi(a,\varphi)=0 \tag{4.14}$$

方程中$U(a, \varphi)=a^2(k-a^2V(\varphi))$，此时，宇宙的波函数$\psi(a, \varphi)$是关于尺度因子$a$和标量场$\varphi$的函数。将波函数写成如下形式$\psi(a, \varphi)=R(a, \varphi)e^{iS(a, \varphi)}$，其中$R(a, \varphi)$和$S(a, \varphi)$都是实函数。与前文类似，可以得到系统的守恒流密度为

$$\begin{aligned} j^a &= \frac{i}{2}a^p(\psi^*\partial_a\psi-\psi\partial_a\psi^*) \\ &= -a^pR^2(a, \varphi)\partial_aS(a, \varphi) \\ j^\varphi &= \frac{-i}{2}a^{p-2}(\psi^*\partial_\varphi\psi-\psi\partial_\varphi\psi^*) \\ &= -a^{p-2}R^2(a, \varphi)\partial_\varphi S(a, \varphi) \end{aligned} \tag{4.15}$$

由量子哈密顿-雅克比理论可以得到诱导关系：

$$\begin{aligned} \partial_aS(a, \varphi) &= -a\dot{a} \\ \partial_\varphi S(a, \varphi) &= a^3\dot{\varphi} \end{aligned} \tag{4.16}$$

守恒流j^a和j^φ满足连续性方程：

$$\partial_aj^a+\partial_\varphi j^\varphi=0$$

从式(4.16)可以看出，j^a和j^φ同样都不是正定的。j^a的正负依然表示对应宇宙的膨胀解和收缩解；而j^φ的正负表示标量场φ在增加或者减小。将方程(4.16)代入连续性方程可以得到

$$\partial_a(a^pR^2\partial_aS)-\partial_\varphi(a^{p-2}R^2\partial_\varphi S)=0$$

利用诱导关系上式可写为

$$\partial_a(a^pR^2\partial_aS)-\frac{\partial_\varphi(a^{p-2}R^2\partial_\varphi S)a^2\dot{\varphi}}{\dot{a}}=0$$

将上述方程对a积分，可以得到

$$a^pR^2\partial_aS+\int\frac{a^2\dot{\varphi}}{\dot{a}}d(a^{p+1}R^2\dot{\varphi})=0$$

对其中的第二项进行分布积分可得

$$a^{p+1}R^2\dot{a}-\frac{a^{p+3}R^2\dot{\varphi}^2}{\dot{a}}+\int a^{p+1}R^2\dot{\varphi}d\left(\frac{a^2\dot{\varphi}}{\dot{a}}\right)=-c_0$$

令$A(a, \varphi)=R^{-2}\int R^2a^{p+2}\dot{\varphi}(2\varphi_a+a\varphi_{aa})da$，根据上式，我们可以得到包含标量场$\varphi$的宇宙概率密度为

$$\rho(a, \varphi)\equiv R^2(a, \varphi)=\frac{-c_0}{a^{p+1}\dot{a}(1-a^2\varphi_a^2)+A(a, \varphi)} \tag{4.17}$$

其中$\varphi_a=d\varphi/da=\dot{\varphi}/\dot{a}$，$\varphi_{aa}=d\varphi_a/da$。可以看出，当标量场变化很慢时，即$\dot{\varphi}\to 0$，得$A(a, \varphi)\to 0$，$a^2\varphi_a^2\to 0$，此时含有标量场的宇宙概率密度方程(4.17)回到无标量场的情形方程(4.7)。这表明宇宙波函数的动力学解释在宇宙含有慢变标量场时依旧可以使用。当标量场的变化不可以忽略时，根据方程(4.17)很难得到宇宙的演化方程。但是从方程(4.17)我们可以看出，当$\dot{a}$和$\dot{\varphi}$很大时，$\rho(a, \varphi)$很小，这表明宇宙所处的状态(a, φ)变化越快时，宇宙处于该状态的时间越短，概率密度越小。

4.5 宇宙波函数动力学解释的应用

4.5.1 算符次序因子的确定

算符次序因子 p 是惠勒-德威特方程中由于算符次序不确定而引入的参数，不同的取值对应不同的量子效应，因此它对早期宇宙的演化有重要影响，p 如何取值仍未有定论。本书要求宇宙波函数处处收敛，即宇宙概率密度 $\rho(a)$ 在任何时候都是一个有限值，可以给出算符次序因子的约束。

现代宇宙论表明宇宙在极早时期($a\to 0$)经历指数暴胀时期，这个阶段哈勃参数 H_{In} 是个有限值且变化缓慢，根据宇宙波函数动力学解释式(4.8)有

$$\rho(a\to 0)=\frac{c_0}{a^{p+2}H_{\mathrm{In}}}$$

要求 $\rho(a\to 0)$ 有限可以得到 $p+2\leqslant 0$。

另一方面，尺度因子 a 很大时，宇宙处于暗能量主导时期，此时宇宙指数膨胀，哈勃参数 H_{DE} 为常数，同理可得

$$\rho(a\to\infty)=\frac{c_0}{a^{p+2}H_{\mathrm{DE}}}$$

要求 $\rho(a\to\infty)$ 有限可以得到另一个边界条件 $p+2\geqslant 0$。

因此，根据上述两个边界条件，我们得到了算符次序因子的一个约束 $p=-2$。这个约束消除了惠勒-德威特方程中算符次序引起的不确定性，将 $p=-2$ 代入公式(4.8)得到

$$\rho(a)=\frac{c_0}{H(a)}$$

可以看出宇宙波函数密度仅与哈勃参数有关，即宇宙波函数密度只与宇宙膨胀或收缩的速度成反比。

4.5.2 宇宙波函数的选择

惠勒-德威特方程为二阶微分方程，完全确定波函数要合适的边界条件。目前有两种类型的宇宙波函数方案，一种是 Hawking，Hartle 根据欧氏空间的路径积分给出的无边界方案(No-boundary Propose)；另一种是 Vilenkin 根据量子隧穿的思想得到的隧穿方案，这两种方案哪种正确仍存在争论。我们将波函数的动力学解释应用于这两种方案，研究两种方案下宇宙的演化情况。

对于包含宇宙学常数 Λ 的封闭宇宙，宇宙的势函数可以写为

$$V(a)=a^2-\Lambda a^4 \tag{4.18}$$

将式(4.18)代入惠勒-德威特方程(4.2)，根据霍金和哈托给出的无边界波函数方法，可以得到宇宙波函数为

$$\psi_{\mathrm{NB}}=\exp\left\{\frac{1}{3\Lambda}\left[1-(1-a^2\Lambda)^{3/2}\right]\right\},\qquad a^2\Lambda\leqslant 1$$

$$\psi_{\mathrm{NB}}=\exp\left[\frac{1}{3\Lambda}\right]\cos\left[\frac{(a^2\Lambda-1)^{3/2}}{3\Lambda}-\frac{\pi}{4}\right],\quad a^2\Lambda>1$$

宇宙很小时($a^2\Lambda \leqslant 1$)宇宙处于量子时期，从图中可看出，在 $a=0$ 时波函数 ψ_{NB} 为有限值，即量子宇宙中在 $a=0$ 处无奇点。当宇宙很大时($a^2\Lambda > 1$)，宇宙波函数不断振荡，振荡的频率随着尺度因子 a 的增加而增加。此时波函数为纯实数，可以看作是时空膨胀态和收缩态波函数的叠加。根据波函数动力学解可以得到哈勃参数的演化规律，如图 4.3 所示，图中小短线表示宇宙波函数，点线表示哈勃参数的演化情况，在宇宙很大时，哈勃参数在快速振荡，很显然这并不满足现在的观测结论。

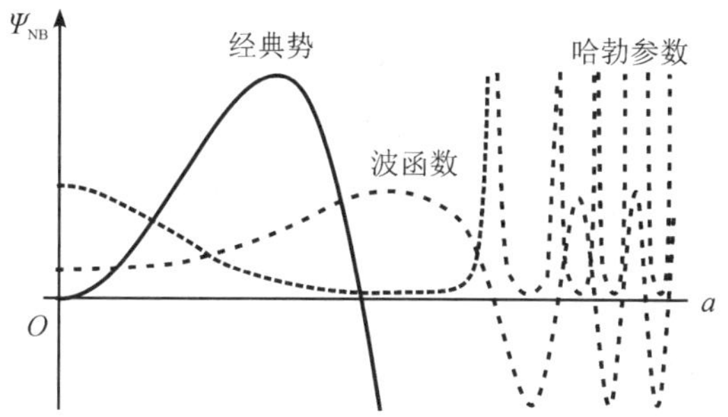

图 4.3　无边界波函数给出的哈勃参数演化规律

由于宇宙势函数相当于一个势垒，量子力学中粒子穿过势垒后只有出射波。根据量子隧穿模型 Vilenkin 提出了隧穿边界条件，得到宇宙波函数为

$$\psi_T = \exp\left\{-\frac{1}{3\Lambda}\left[1-(1-a^2\Lambda)^{3/2}\right]\right\}, \quad a^2\Lambda < 1$$

$$\psi_T = \exp\left[\frac{-1}{3\Lambda}\right]\exp\left[\frac{-i}{3\Lambda}(a^2\Lambda-1)^{3/2}\right], \quad a^2\Lambda > 1$$

图 4.4 中实线为经典势能曲线，短线和点线分别表示隧穿模型下宇宙波函数和哈勃参数的演化规律。隧穿模型中，波函数只包含一支出射波(膨胀态波函数)。从图 4.4 可看出隧穿模型下，哈勃参数为常数，宇宙处于指数加速膨胀状态，这与现在的天文观测结果和经典宇宙论的结果相一致。

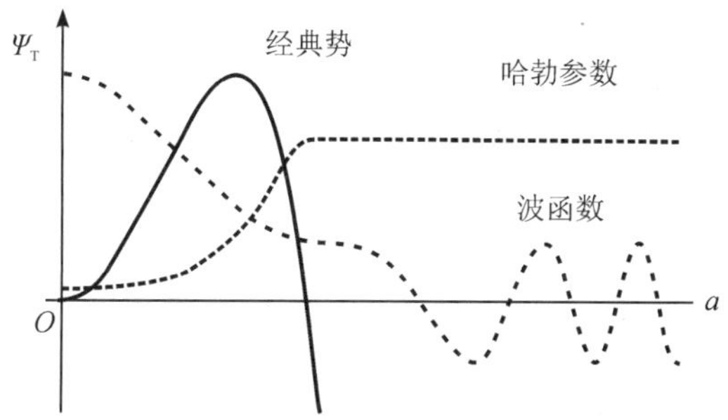

图 4.4　隧穿波函数给出的哈勃参数的演化规律

本章小结

本章给出了宇宙波函数 $\psi(h_{ij},\varphi)$ 的动力学解释，即宇宙的概率密度 $\rho(h_{ij},\varphi)$ 表示在整个宇宙演化时间 T 内宇宙处于状态 (h_{ij},φ) 的概率，其正比于宇宙处于这个状态的时间 $\rho(h_{ij},\varphi)\sim\Delta t/T$。计算表明，在小超空间模型下，宇宙的概率密度反比于宇宙的哈勃参数。即宇宙膨胀迅速时宇宙的概率密度很小，而宇宙膨胀很慢时宇宙的概率密度很大。我们证明利用波函数的动力学解释，惠勒-德威特方程在经典极限下可以给出宇宙的演化规律且和弗里德曼方程给出的结果相同。这满足经典量子对应，即量子宇宙学在经典极限下应该回到经典宇宙学。

其次，量子宇宙学中长期存在的由于算符次序模糊性而引入的自由参数的取值问题得到了解决。要求宇宙波函数在宇宙任何时期都有限，给出了算符次序参数的约束 $p=-2$。当宇宙变得足够大时，算符次序因子 p 不再影响宇宙的演化，这表明 p 代表早期宇宙的量子化规则，只影响宇宙的量子行为。最后，将概率解释用于无边界波函数和隧穿模型波函数，计算表明，隧穿模型波函数更能够更好地反映宇宙的演化规律。

值得注意的是，方程(4.7)表明即使宇宙很大时($a\gg1$)，宇宙的概率密度 $\rho(a)$ 也与算符次序因子 p 有关，而宇宙的概率密度决定宇宙的演化，这好像和我们前文所给出的 p 不影响经典宇宙演化的结论矛盾。下面将讨论为什么 p 影响宇宙的概率密度而不影响经典宇宙的演化规律。假设 $\psi^{(p)}(a)$ 满足 WDW 方程(4.9)的解，将 $\psi^{(p)}(a)=a^{-p/2}\psi(a)$ 代入方程(4.9)中得

$$\left(\frac{1}{a^p}\frac{\partial}{\partial a}a^p\frac{\partial}{\partial a}-V(a)\right)\psi^{(p)}(a)=0 \tag{4.19}$$

化简后可以得到

$$\left(\frac{\partial^2}{\partial a^2}a^p-V(a)-\frac{p-(p-2)}{4a^2}\right)\psi(a)=0 \tag{4.20}$$

其中，$V(a)$ 是量子宇宙中的经典势，通常是尺度因子 a 的多项式，多项式的最低阶数为 a^0(辐射所引起的势能项)。所以当 $a\gg1$ 时 $|V(a)|\gg|p(p-2)/4a^2|$ 时，方程(4.20)中 p 的作用可以忽略，方程和 $p=0$ 所遵从的惠勒-德威特方程相同。$p=0$ 时宇宙的概率密度为 $\rho^{(0)}(a)=|\psi(a)|^2$；$p$ 取任意值时宇宙的概率密度为

$$\rho^{(p)}(a)=|\psi^{(p)}(a)|^2=a^{-p}|\psi(a)|^2$$

根据方程(4.7)，可以得到

$$\dot{a}^{(p)}=\dot{a}^{(0)}=\frac{-c_0}{a\rho^{(0)}(a)},\ a\gg1$$

当 $a\ll1$ 时，$|V(a)|\ll|p(p-2)/4a^2|$，在方程(4.21)中 p 起重要作用，不同的 p 将给出宇宙尺度因子的不同演化规律。从图 4.2 可以看出，宇宙进入暗能量主导时期后，哈勃参数和宇宙概率密度均为常数。虽然宇宙概率密度在宇宙所有时刻都是有限值，但是如果我们对整个宇宙的概率密度积分也会得到一个发散的结果。$\int_{a_0}^{\infty}\rho(a)\mathrm{d}a=\infty$，这个发散的结果是由于宇宙可以膨胀到无限大。正如量子力学中一维粒子的本征值为 p 的本征函数，即平面

波 $\psi_p = C\mathrm{e}^{\mathrm{i}px/\hbar}$，其中动量 p 可以取$(-\infty, +\infty)$中连续变化的一切实数值，因此

$$\int_{-\infty}^{+\infty} |\psi_p(x)|^2 \mathrm{d}x = |c|^2 \int_{-\infty}^{+\infty} \mathrm{d}x = \infty$$

即平面波的波函数无法归一化。正如平面波在无穷大空间无法归一化不代表量子力学不正确一样，宇宙波函数在无穷大尺度上无法归一化不代表宇宙波函数的概率解释不正确。

在前文中只讨论了平坦宇宙($k=0$)时惠勒-德威特方程的经典极限和量子极限，并给出了前文的结论。详细的计算表明在 $k=\pm 1$ 时，上述结论依然成立。在此简单分析一下，首先在量子极限下($a \ll 1$)，此时辐射主导($n=4$)，惠勒-德威特方程中 $\varepsilon_n a^4 = \lambda_4 \gg ka^2$，因此 ka^2 项不影响量子时期宇宙的演化。即使 $\lambda_4 = 0$，根据第 2 章得到的宇宙波函数，利用波函数的动力学解释，依然可以得到宇宙量子时期包含暴胀的解。在经典极限下 ka^2 项的作用可以看作是 ε_n 中 $n=2$ 的能量项，也可以得到正确的经典极限。因此无论是封闭、开放还是平坦宇宙，利用波函数的动力学解释 WDW 方程在经典极限下都可以给出正确的经典宇宙的解，而宇宙很小时都可以给出宇宙指数加速膨胀的暴胀解。

第 5 章　量子势与暗能量

1998 年，对超新星的观测表明现在的宇宙正在加速膨胀，这一重要的发现在科学界引起了重大反响，同时也引出了一个重要的问题，是什么推动了宇宙的加速膨胀？根据广义相对论，由重子物质、暗物质、光子、中微子等物质组成的宇宙不可能发生加速膨胀。暗能量被用来解释宇宙的加速膨胀。然而究竟什么是暗能量，仍然是困扰物理学家的一个重要难题，科学家们提出了各种各样的模型来解释暗能量，其中一类模型认为暗能量来自于宇宙的量子效应。

量子力学的玻姆轨道理论中，量子势表示系统的量子效应粒子可以看作是由经典势和量子势共同引导下的运动。将玻姆轨道理论应用于量子宇宙学可得到类似的结论，即宇宙的量子效应由宇宙量子势主导，宇宙的演化由量子势和经典势共同决定。当量子势与经典势相比较时，宇宙量子效应显著，而当量子势远小于经典势时，宇宙的量子效应减弱，量子宇宙过渡到经典宇宙。量子宇宙学中量子势代表宇宙的量子效应，其能否推动当今宇宙的加速膨胀是一个具有挑战性的问题。本章我们首先在小超空间中存在一个无质量标量场(或者有质量的慢变标量场)的模型下证明量子势无法推动当今宇宙加速膨胀，该模型中量子势无法作为暗能量推动当今宇宙加速膨胀。然而最近的一篇文章中提出了一个量子势暗能量的模型，这个模型认为是量子势推动了当今宇宙的加速膨胀，并给出了较为符合观测数据的暗能量密度，因而引起了大家的关注，我们将对该暗能量模型进行讨论。

5.1　量子势及量子修正弗里德曼方程

若要利用量子修正弗里德曼方程计算哈勃参数，首先需通过求解惠勒-德威特方程得到宇宙波函数 $\psi(a)$，再计算宇宙量子势 $Q(a)$ 并代入诱导关系中，即可求得哈勃参数的演化规律 $H(t)$。下面通过个简化模型来研究宇宙量子效应对平坦宇宙演化的影响，包含能量密度 ρ 的平坦宇宙的惠勒-德威特方程可以写为

$$\left[\frac{\hbar^2}{m_p}\frac{1}{a^p}\frac{\partial}{\partial a}\left(a^p\frac{\partial}{\partial a}\right)-\frac{E_p}{l_p^2}ka^2+\frac{8\pi\rho a^4}{3l_p}\right]\psi(a)=0 \tag{5.1}$$

方程中 $\psi(a)$ 是宇宙波函数，m_p，E_p，l_p 分别表示普朗克质量、普朗克能量以及普朗克长度。p 为算符次序模糊因子。由于波函数 $\psi(a)$ 是复函数，可将波函数写成

$$\psi(a)=R(a)\mathrm{e}^{\mathrm{i}S(a)/\hbar}$$

其中，$R(a)$ 和 $S(a)$ 都是实函数。将 $\psi(a)$ 代入惠勒-德威特方程(5.1)中，并对虚部实部分离得到两个方程：

$$S''+2\frac{R'S'}{R}+\frac{p}{a}S'=0 \tag{5.2}$$

$$\frac{(S')^2}{m_p} + U + Q = 0 \tag{5.3}$$

式中，S'表示$S(a)$对尺度因子 a 的导数，$U(a)=E_p k a^2/l_p^2 - 8\pi\rho a^4/3l_p$ 是宇宙内容物和曲率项产生的经典势。$Q(a)$为系统的量子势

$$Q(a) = -\frac{\hbar^2}{m_p}\left(\frac{R''}{R} + \frac{p}{a}\frac{R'}{R}\right) \tag{5.4}$$

当 $\hbar \to 0$ 时 $Q(a)\to 0$，$Q(a)$与系统的量子效应有关。通过量子哈密顿-雅克比理论，可以得到尺度因子 a 的演化方程为

$$S'(a) = \frac{\partial \mathscr{L}}{\partial \dot{a}} = -\frac{c^2}{G} a\dot{a} \tag{5.5}$$

$$\dot{a} = -\frac{GS'(a)}{c^2 a} \tag{5.6}$$

通过方程(5.6)和(5.3)容易得到哈勃参数：

$$H^2(t) = \left(\frac{\dot{a}}{a}\right)^2 = -\frac{G^2 m_p}{c^4}\frac{Q+U}{a^4} \tag{5.7}$$

将经典势 $U(a)$的表达式代入公式(5.3)中可得

$$H^2(t) = \frac{8\pi G\rho}{3c^2} - \frac{kc^2}{a^2} - \frac{{l_p}^2}{m_p}\frac{Q}{a^4} \tag{5.8}$$

宇宙中物质的状态方程为 $p=w\rho$，根据能量守恒可得不同物质能量密度随尺度因子的演化方程为 $\rho(a)\propto a^{-3(w+1)}$，将其代入公式(5.8)可得

$$\frac{\ddot{a}}{a} = -\frac{4\pi G}{3c^2}(\rho + 3p) + \frac{{l_p}^2}{m_p}\left(\frac{Q}{a^4} - \frac{Q'}{2a^3}\right) \tag{5.9}$$

方程(5.8)和(5.9)即量子修正弗里德曼方程，根据这两个方程可以得到宇宙量子效应对哈勃参数演化的影响。量子修正弗里德曼方程(5.8)和(5.9)比经典弗里德曼方程多了与量子势有关的项，当量子势相比于经典势非常小时($|Q(a)| \ll |U(a)|$)，量子修正弗里德曼方程过渡到经典弗里德曼方程。为了简便，后文中无特殊说明时利用普朗克单位，即令 $\hbar=c=G=1$。

5.2　宇宙及量子势的演化

若要利用量子修正弗里德曼方程计算哈勃参数，首先需通过求解惠勒-德威特方程得到宇宙波函数 $\psi(a)$，再通过公式(5.4)计算宇宙量子势 $Q(a)$并代入方程(5.8)和(5.9)中即可求得哈勃参数的演化规律 $H(t)$。下面通过简化模型来研究宇宙量子效应对平坦宇宙演化的影响，包含能量密度 ρ 的平坦宇宙的惠勒-德威特方程可以写为

$$\left[\frac{1}{a^p}\frac{\partial}{\partial a}\left(a^p \frac{\partial}{\partial a}\right) + \frac{8\pi\rho_n(a)a^4}{3}\right]\psi(a) = 0 \tag{5.10}$$

由于宇宙中包含的能量有辐射 $\rho_r \propto a^{-4}$，物质(含暗物质) $\rho_m \propto a^{-3}$，暗能量 $\rho_{\mathrm{DE}} \propto a^0$，因此 $\rho=\rho_r+\rho_m+\rho_{\mathrm{DE}}$。但是此时方程求解较为复杂，难以得到解析解。考虑到宇宙在某一时期通常由某种能量占主导，例如早期宇宙中经典能量主要以辐射能为主，随着宇宙的膨胀，辐射能密度快速下降，此时宇宙中以物质能量密度为主，随着宇宙的进一步膨胀，宇宙进入

暗能量为主的时期。因此令 $\rho=\rho_n(a)=3\lambda_n/8\pi a^n$，随着宇宙的膨胀，$n$ 缓慢地从 4(辐射主导时期)过渡到 0(暗能量主导时期)，其中 λ_n 为一无量纲常数。此时方程(5.10)的解析解为

$$\psi_n(a)=a^{\frac{1-p}{2}}\left[\mathrm{i}c_1J_\upsilon\left(\frac{\sqrt{\lambda_n}a^{3-n/2}}{3-n/2}\right)+c_2Y_\upsilon\left(\frac{\sqrt{\lambda_n}a^{3-n/2}}{3-n/2}\right)\right] \tag{5.11}$$

其中，$J_\alpha(x)$是第一类贝塞尔函数，$Y_\alpha(x)$是第二类贝塞尔函数，$\upsilon=|(1-p)/(n-6)|$，c_1，c_2 是由边界条件确定的两个常数。当选择 $c_1=c_2$ 且都为实数时，可以得到 Vilenkin 根据隧穿模型给出的宇宙波函数，当选择 c_1 或 c_2 其中一个等于零，另一个为实数时，可以得到霍金给出的无边界宇宙波函数。本节选择 $c_1=c_2$ 即隧穿模型的波函数，后文将讨论波函数为实函数的情形。根据式(5.11)可得

$$R(a)=a^{\frac{1-p}{2}}\sqrt{J_\upsilon^2\left(\frac{\sqrt{\lambda_n}a^{3-n/2}}{3-n/2}\right)+Y_\upsilon^2\left(\frac{\sqrt{\lambda_n}a^{3-n/2}}{3-n/2}\right)} \tag{5.12}$$

将式(5.4)代入量子势表达式中即可得到宇宙量子势. 下面将分别讨论极早期宇宙($a\ll l_p$)和宇宙长大后($a\gg l_p$)量子势对宇宙演化的影响。

极早期宇宙($a\ll l_p$)中经典能量由辐射主导($n=4$)，容易得到极早期宇宙的量子势为

$$Q(a\ll l_p)=\lambda_4-\lambda_4^3a^4$$

上式的计算中利用了算符次序因子的约束 $p=-2$，经典势 $U(a)=\lambda_4$，宇宙量子势与经典势大小相当。将式(5.13)代入量子修正弗里德曼方程式(5.8)可得

$$H^2=\frac{8\pi\rho_4(a)}{3}-\frac{Q(a\ll l_p)}{a^4}=\lambda_4^3$$

这表明宇宙很小时，量子势对宇宙的演化有重要影响，此时哈勃参数近似为常数，尺度因子指数膨胀 $a(t)=\mathrm{e}^{H(t+t_0)}$，假设极早时期宇宙辐射的能量密度为普朗克量级，则此时哈勃参数也为普朗克量级，即此时宇宙迅速指数膨胀对应宇宙的暴胀时期。

当宇宙变大时($a\gg l_p$)，宇宙波函数可以写为

$$\psi_n(a\gg l_p)=c_-\ a^{\frac{n-2p-4}{4}}\exp\left(-\frac{\mathrm{i}\sqrt{\lambda_n}a^{3-n/2}}{3-n/2}+\mathrm{i}\theta\right)$$

根据此宇宙波函数式可得量子势为

$$Q(a\gg l_p)=\frac{4(p-1)^2-(n-6)^2}{16a^2}$$

此时量子势 $Q\propto a^{-2}$，而经典势 $U(a)\propto a^{4-n}(n\leqslant 4)$，因此当宇宙很大时，量子势远小于宇宙中各种形式的能量产生的经典势，即 $Q(a\gg l_p)\ll U(a)$。因此，量子修正弗里德曼方程中量子修正项可以忽略，此时方程过渡到经典弗里德曼方程.

图 5.1 和图 5.2 分别给出了哈勃参数 H 及 $\dot{H}$ 的数值解，图中实线为经典弗里德曼方程(CFE)的结果，虚线为量子修正弗里德曼方程(QMFE)的结果。从图 5.1 和图 5.2 中可以发现，经典弗里德曼方程给出的 H 及 $\dot{H}$ 在尺度因子 $a\to 0$ 时均发散，这导致了宇宙大爆炸时的奇点问题，而量子修正弗里德曼方程给出的 H 及 $\dot{H}$ 在 $a\to 0$ 时均为有限值，即宇宙早期的量子效应可以使早期宇宙避免出现奇点。宇宙长大后($a\gg l_p$)，量子修正弗里德曼方程和经典弗里德曼方程给出的 H 及 $\dot{H}$ 演化规律相同，这表明宇宙长大后宇宙量子势 Q 迅速减小，宇宙的量子效应减弱，其对宇宙的演化影响越来越小。

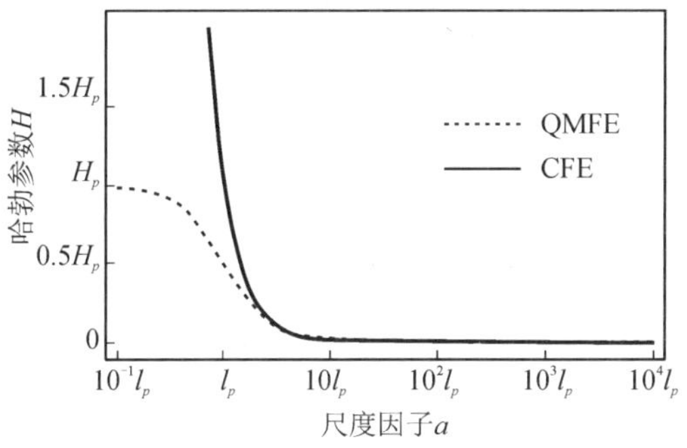

图 5.1　哈勃参数随宇宙尺度因子的演化

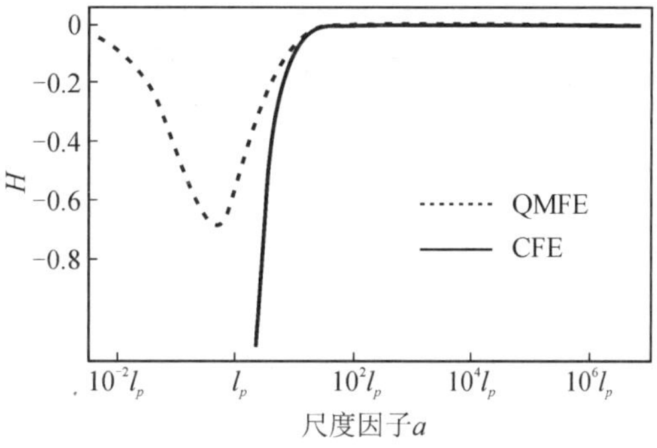

图 5.2　哈勃参数对时间一阶导数随宇宙尺度因子的演化

5.3　标量场模型下的量子势

量子宇宙学中，最常用的模型为含有标量场的小超空间模型，此模型中物质由标量场描述，此时惠勒-德威特方程可以写为

$$\left[\frac{1}{a^p}\frac{\partial}{\partial a}\left(a^p\frac{\partial}{\partial a}\right)-\frac{1}{a^2}\frac{\partial^2}{\partial\varphi^2}-U(a,\varphi)\right]\psi(a,\varphi)=0 \tag{5.13}$$

其中经典势能 $U(a,\varphi)=a^2[k-a^2V(\varphi)]$，令 $\psi(a,\varphi)=R(a,\varphi)e^{iS(a,\varphi)}$，其中 $R(a,\varphi)$ 和 $S(a,\varphi)$ 都是实函数，将其代入含有标量场的惠勒-德威特方程(5.13)中，经过虚实分离可以得到两个方程：

$$S_{aa}+2\frac{R_aS_a}{R}+\frac{p}{a}S_a-a^{-2}\left(S_{\varphi\varphi}+\frac{2R_\varphi S_\varphi}{R}\right)=0 \tag{5.14}$$

$$S_a^2-a^{-2}S_\varphi{}^2+U(a,\varphi)+Q(a,\varphi)=0 \tag{5.15}$$

其中，R_a，R_φ 分别表示 $R(a,\varphi)$ 对 a 以及 φ 的导数。$Q(a,\varphi)$ 为量子势，则

$$Q(a,\varphi)=-\left(\frac{R_{aa}}{R}+\frac{p}{a}\frac{R_a}{R}\right)+\frac{R_{\varphi\varphi}}{a^2R} \tag{5.16}$$

通过量子哈密顿-雅克比理论，可得诱导关系：

$$\partial_aS(a,\varphi)=-a\dot{a} \tag{5.17}$$

$$\partial_\varphi S(a,\varphi)=-a^3\dot{\varphi} \tag{5.18}$$

将式(5.17)及式(5.18)代入式(5.14)式可得

$$H^2=\dot{\varphi}^2-\frac{U(a,\varphi)+Q(a,\varphi)}{a^4}$$

通常方程(5.13)难以得到解析解，因此无法通过宇宙波函数求得量子势的表达式。假设标量场为慢变标量场，根据宇宙波函数的动力学解释可得宇宙波函数密度为

$$\rho(a,\varphi)=R(a,\varphi)^2=-\frac{c_0}{a^{p+2}H(a)}\propto a^{-p-2}$$

将上式代入式(5.17)可得 $Q(a,\varphi)\propto a^{-2}$，显然当 $a\gg l_p$ 时，量子势远小于经典势

$|Q(a,\varphi)| \ll |U(a,\varphi)|$。可见在此模型下，当宇宙很大时宇宙的量子效应同样远小于经典势的作用，因而量子势无法推动宇宙加速膨胀。

5.4 量子势暗能量模型的分析

最近 A. Farag Alia 等人从量子修正 Raychaudhuri 方程出发，提出了量子势作为暗能量推动当今宇宙的加速膨胀的暗能量模型。此部分将回顾量子势暗能量模型，并分析此模型的问题。经典 Raychaudhuri 方程可以写为

$$\frac{\mathrm{d}\theta}{\mathrm{d}\lambda} = -\frac{\theta^2}{3} - \sigma_{ab}\sigma^{ab} + \omega_{ab}\omega^{ab} - R_{cd}u^c u^d \tag{5.19}$$

在非相对论极限下方程(5.19)可写为

$$\frac{\mathrm{d}\theta}{\mathrm{d}t} = -\frac{\theta^2}{3} - \sigma_{ab}\sigma^{ab} + \omega_{ab}\omega^{ab} - \nabla^2 V \tag{5.20}$$

其中，V 是牛顿引力势。为了得到量子修正 Raychaudhuri 方程，根据玻姆轨道理论引入量子势：

$$V_Q = -\frac{\hbar^2}{2m}\frac{\nabla^2 R}{R} \tag{5.21}$$

式(5.21)中为了表明量子势的量子特征保留了 $\hbar$，将方程(5.20)中的牛顿引力势用经典势和量子势之和替换，即 $V \to V + V_Q/m$，则得到量子修正 Raychaudhuri 方程可写为

$$\frac{\mathrm{d}\theta}{\mathrm{d}t} = -\frac{\theta^2}{3} - \nabla^2 V + \frac{\hbar^2}{2m^2}\nabla^2\left(\frac{\nabla^2 R}{R}\right)$$

由于 $\theta = 3\dot{a}/a$，则该方程可写为

$$\frac{\ddot{a}}{a} = -\frac{\nabla^2 V}{3} + \frac{\hbar^2}{6m^2}\nabla^2\left(\frac{\nabla^2 R}{R}\right) \tag{5.22}$$

方程(5.22)类似于量子修正弗里德曼方程(5.8)和(5.9)，方程右边第一项表示经典势对宇宙演化的作用，第二项表示量子势对宇宙演化的影响。文中认为第二项可以起到宇宙学常数的作用，即

$$\Lambda_Q = \frac{\hbar^2}{m^2}h^{ab}\left(\frac{\nabla^2 R}{R}\right)_{;a;b} \tag{5.23}$$

为了估算 Λ_Q 的值，假设宇宙波函数为高斯型波函数，即

$$\psi \sim \mathrm{e}^{-r^2/L_0^2} \tag{5.24}$$

其中，L_0 为哈勃半径，将式(5.24)代入式(5.23)容易得到

$$\Lambda_Q = \frac{1}{L_0^2}$$

这个结果恰好和现在宇宙学观测的结果符合，此即量子势暗能量模型。然而，模型中宇宙波函数只是一个猜测的结果，原则上宇宙波函数由宇宙的薛定谔方程(惠勒-德威特方程)确定。下面将证明波函数式(5.24)得到的量子势不能推动宇宙加速膨胀。

容易看出，波函数式(5.24)是一维线性谐振子的基态波函数，其薛定谔方程为

$$-\frac{\hbar^2}{2m}\frac{\mathrm{d}^2\psi(r)}{\mathrm{d}r^2}+mV(r)\psi(r)=E\psi(r)$$

其中

$$V(r)=\frac{1}{2}\omega^2 r^2=\frac{2\hbar^2 r^2}{L_0^4 m^2}$$

$$\omega^2=\frac{4\hbar^2}{L_0^4 m^2}$$

因此方程(5.20)中经典势和量子势对宇宙演化的贡献分别为

$$-\frac{\nabla^2 V}{3}=-\frac{4\hbar^2}{3L_0^4 m^2} \tag{5.25}$$

$$\frac{\hbar^2}{6m^2}\nabla^2\left(\frac{\nabla^2 R}{R}\right)=\frac{4\hbar^2}{3L_0^4 m^2}\sim\frac{1}{L_0^2} \tag{5.26}$$

将式(5.25)和式(5.26)代入式(5.20)可得 $\ddot{a}=0$，可见经典势和量子势的对宇宙演化的影响恰好相互抵消，此时宇宙不会加速膨胀。根据方程(5.24)容易看出当波函数为实函数时，无论波函数取何种形式总能得到

$$-\nabla^2 V+\frac{\hbar^2}{3m^2}\nabla^2\left(\frac{\nabla^2 R}{R}\right)\equiv 0$$

此时系统处于定态不会随时间演化。例如线性谐振子、氢原子等量子体系波函数均为实函数，系统物理量不会随时间变化。Das 等人的文章中假设宇宙波函数为式(5.24)时，隐含着加入了经典势，而未考虑这部分经典势对宇宙的影响。实际上当宇宙波函数为任意实函数时，量子势均不能作为暗能量推动宇宙加速膨胀。

本章小结

本节从量子宇宙学的基本方程惠勒-德威特方程出发，在小超空间模型下，给出了量子修正弗里德曼方程。量子修正弗里德曼方程中多出了与宇宙量子势 $Q(a)$有关的项，宇宙的演化由经典势 $U(a)$和量子势 $Q(a)$共同决定。对惠勒-德威特方程(5.10)做了主导能量近似后给出了宇宙波函数的解析解，并通过量子修正弗里德曼方程得到了哈勃参数的演化规律。研究表明，宇宙很小的时候，宇宙加速膨胀，其中量子势主要作用是推动了宇宙的暴胀。随着宇宙的膨胀宇宙量子势迅速减小，哈勃参数减小，暴胀自然退出，此后量子修正弗里德曼方程过渡到经典弗里德曼方程。含有标量场的宇宙模型表明在宇宙很大时，量子势 $Q(a)\propto a^{-2}$，其对应的能量密度 $\rho_Q\propto a^{-6}$，即随着宇宙的长大，量子势产生的能量密度迅速减小，宇宙的量子效应可以忽略。本章节还研究了量子势暗能量模型，证明宇宙波函数为任意实函数时量子势和经典势的作用相互抵消，宇宙不会加速膨胀。因此，研究表明宇宙量子势无法充当暗能量推动宇宙加速膨胀。

第6章 暴胀产生粒子

第2章我们讲述了早期宇宙由于量子效应会指数加速膨胀。毫无疑问，时间和空间将在宇宙膨胀的过程中不断产生。我们的模型中宇宙从无产生，宇宙开始时既没有物质也没有能量。人们自然地会问到：当今宇宙中的物质是如何产生的？标量场暴胀模型认为，宇宙中几乎所有的物质、反物质以及光子都产生于暴胀结束时暴胀场相变所释放出的能量，标量场像是一个处于黏稠液体中的小球一样缓慢下降，此即暴胀阶段。最终，标量场的势能下降到最低点，标量场迅速振荡产生基本粒子对，宇宙变热。但是，暴胀模型中没有标量场，是宇宙的量子效应量子势为宇宙暴胀提供了动力。本章利用量子隧穿机制，证明粒子对可以由宇宙的指数加速膨胀期间产生。

在有电磁外场的平直时空中，外电场导致正负能级交错时，处于真空中的负能态粒子就可通过量子隧穿效应穿过势垒，变成正能粒子，这样真空中的不同地点便产生了正反粒子对，此即平直时空内的Klein机制。其结果就是真空中产生了正反离子对，真空不再稳定了。真空不稳定的外因是有外场的存在，内因是真空自身不稳定存在量子涨落。在弯曲时空中，比如黑洞视界处，由于引力的作用时空被扭曲，在这样的区域将会有粒子对产生，正能粒子将会在无穷远处被观测到，而负能粒子落入黑洞使黑洞质量减少，即霍金辐射效应。暴胀结束时，时空度规会迅速发生变化，由于时空度规变化而导致的粒子产生效应在许多文章中被讨论过。在2000年，Parikh和Wilczek将量子隧穿方法应用于霍金辐射的研究中。这个方法表明黑洞辐射是非热谱，张保成、蔡庆宇、尤力和詹明生等人利用该方法解决了黑洞信息丢失之谜。Hamilton-Jacobi方法为研究弯曲时空粒子产生提供了一种简单的方法。我们将利用这种方法来研究暴胀时期的宇宙时空中粒子的产生问题。

6.1 FRW 时空

假设暴胀时期宇宙仍然均匀、各向同性，则宇宙时空由FRW度规描述：

$$ds^2 = -dt^2 + a^2(t)d\Omega^3 \tag{6.1}$$

上述度规和小超空间模型的度规相同，只是相差一个常数 σ。第2章证明了当算符次序因子 $p=-2$ 时，惠勒-德威特方程给出了宇宙极早时期的指数加速膨胀的解，即宇宙经历暴胀阶段，此时尺度因子的形式为 $a(t)=e^{Ht}$，其中哈勃参数 $H=\dot{a}(t)/a(t)$ 是一个常数。因此度规(6.1)描述的是德西特(de Sitter)时空。为了简便，在本章中令 $\hbar=c=k_b=1$。

静止位于de Sitter时空中某一时空点的观测者所观测到的时空由静态坐标描述，用 $(\tilde{t}, \tilde{r}, \theta, \varphi)$ 来表示静态时空的坐标，它们与FRW度规中的坐标 (t, r, θ, φ) 之间的变换关系为

$$\tilde{r} = e^{Ht}r$$

$$\tilde{t} = -\frac{1}{2H}\ln[e^{-2Ht} - (rH)^2] \tag{6.2}$$

若变换关系(6.2)成立，则需要求 $e^{-2Ht} - (rH)^2 > 0$。这表明上述变换关系在 $\tilde{r} < 1/H$ 的范围内成立。对上述变换关系微分并整理，可以得到

$$\begin{cases} dt = d\tilde{t} - \dfrac{H\tilde{r}}{1 - H^2\tilde{r}^2}d\tilde{r} \\ dr = -\dfrac{e^{-H\tilde{r}}H\tilde{r}}{\sqrt{1 - H^2\tilde{r}^2}} \end{cases} \tag{6.3}$$

把方程(6.2)、(6.3)代入 FRW 度规(6.1)中，可以得到静态 de Sitter 度规：

$$ds^2 = -(1 - H^2\tilde{r}^2)d\tilde{t}^2 + (1 - H^2\tilde{r}^2)^{-1}d\tilde{r}^2 + \tilde{r}^2 d\Omega^2 \tag{6.4}$$

在本章中讨论 $k=0$ 的情况，可以看出如果将度规(6.4)中的 H^2 替换成 $2M/\tilde{r}^3$，则度规(6.4)和施瓦兹黑洞的度规相同。这表明指数加速膨胀的时空和黑洞一样存在一个视界，视界位于 $\tilde{r}_H = 1/H$ 处。

由于静态度规中在 $\tilde{r}_H = 1/H$ 处存在一个奇点，因此度规只在视界内有效，这是静态度规的一个重要制约，将影响我们讨论视界处粒子的产生问题。为了描述穿越视界的现象，必须选择一个在视界处没有奇性的坐标系。众所周知，Painleve 坐标系在黑洞视界内外都有效，可以描述穿越黑洞视界的现象。鉴于度规(6.4)与施瓦兹黑洞度规的相似性，我们将其变换成 Painleve 类型的度规，它们之间的变换关系为

$$d\tilde{t} = dT - \frac{H\tilde{r}}{1 - H^2\tilde{r}^2}d\tilde{r}$$

将其代入(6.4)中，可以得到

$$ds^2 = -(1 - H^2\tilde{r}^2)dT^2 - 2H\tilde{r}\,dT d\tilde{r} + d\tilde{r}^2 + \tilde{r}^2 d\Omega^2 \tag{6.5}$$

在任意固定的时间($dT=0$)，度规(6.5)的空间部分是一个欧几里得(Euclidean)空间。可以看出，度规(6.5)在 $\tilde{r}_H$ 依然存在视界，但是已经不存在奇点了，这个坐标系是稳态的而不是静态的。

6.2　宇宙视界处的隧穿现象

在视界处依然表现良好的坐标系的重要作用是我们可以利用这个坐标系来研究视界处的隧穿现象。本节中，我们研究一个含有标量场的德西特时空。物理上，这些标量场 φ 来自于满足这个时空背景的量子涨落。这个标量场 φ 可由弯曲时空的 Klein-Gordon 方程来描述：

$$\left[\frac{1}{\sqrt{-g}}\partial_\mu(\sqrt{-g}g^{\mu\nu}\partial_\nu) - \frac{m^2c^2}{\hbar}\right]\varphi = 0 \tag{6.6}$$

把标量场 φ 写成含有相因子的形式 $\varphi = \varphi_0 e^{iS(T,r)/\hbar}$，将其代入方程(6.6)中，当取 $\hbar \to 0$ 时，可以得到标量场 φ 在弯曲空间中的 Hamilton-Jacobi 方程为

$$g^{\mu\nu}(\partial_\mu S)(\partial_\nu S) + m^2 = 0 \tag{6.7}$$

对于稳态时空，作用量 S 可以分成时间和空间两个部分，$S(T, \tilde{r}) = ET + S_0(\tilde{r})$。在 Wentzel-Kramers-Brillouin 近似下，粒子隧穿的概率与经典禁区内作用量的虚部有关

$\Gamma \sim e^{-2\mathrm{Im}S}$。将稳态 Painleve 度规(6.5)代入 Hamilton-Jacobi 方程(6.7)中，可以得到

$$-E^2-2EH\tilde{r}\partial_{\tilde{r}}S+(1-H^2\tilde{r}^2)(\partial_{\tilde{r}}S)^2+m^2=0$$

对上式积分可以得到作用量 S 的表达式为

$$S=\int\frac{EH\tilde{r}}{1-H^2\tilde{r}^2}\mathrm{d}\tilde{r}\pm\int\frac{\sqrt{E^2-m^2(1-H^2\tilde{r}^2)}}{1-H^2\tilde{r}^2}\mathrm{d}\tilde{r} \tag{6.8}$$

其中，第二项前的正号和负号分别表示进入视界的粒子和跑出视界的粒子。需要指出的是，入射粒子的能量为正，而出射粒子的能量为负，恰好和黑洞霍金辐射的情形相反。上述积分在 $\tilde{r}=1/H$ 处包含一个奇点，根据留数定理我们可以得到入射粒子作用量的虚部为

$$\mathrm{Im}S=\frac{\pi E}{H}$$

当考虑出射粒子时，由于出射粒子能量为负，需要在方程(6.8)前添加一个负号，同样地，对于出射粒子可以得到 $\mathrm{Im}S=\pi E/H$。最终可以得到两路隧穿概率为

$$\Gamma\sim e^{-\frac{2\pi E}{H}}$$

将上式与玻尔兹曼关系对比，可以得到指数加速膨胀宇宙视界处的温度为

$$T_H=\frac{H}{2\pi} \tag{6.9}$$

原则上，暴胀宇宙会产生出满足黑体辐射谱的各种粒子。为了得到费米子从宇宙视界处产生的过程，我们需要把弯曲空间的 Klein-Gordon 方程替换成 Dirac 方程，这样可以得到类似式(6.9)的结果。

6.3 再 加 热

当今宇宙由于暗能量的作用也在加速膨胀，哈勃参数的值为 $H_{\mathrm{now}}\approx 2.29\times 10^{-18}\ \mathrm{s}^{-1}$，将其代入公式(6.9)中，得到当今宇宙由于加速膨胀而产生的温度 T 为

$$T=\frac{\hbar H_{\mathrm{now}}}{2\pi k_b}\approx 2.78\times 10^{-30}\ \mathrm{K} \tag{6.10}$$

可以看出，这个温度远远低于宇宙微波背景辐射的温度($T_{\mathrm{CMB}}\approx 2.7$ K)。在宇宙的演化过程中，除了暴胀阶段外，哈勃参数都很小 $H\ll 1/t_p$，粒子产生率很低。因此，我们可以忽略暴胀结束之后由于宇宙膨胀作用产生的粒子。

接下来我们将估算暴胀时期的 Hawking 辐射效应能否把宇宙再加热。在小超空间模型中，所有观测者都会在距离自己 $\tilde{r}_H$ 的地方看到一个视界和 Hawking 温度 T_H。因此，在暴胀时期宇宙视界内所有地方的温度相同。暴胀时期哈勃参数缓慢变化，所以 Hawking 温度 T_H 也变化不大，根据 Stephan-Boltzmann 辐射定律，暴胀结束时宇宙的能量密度 ρ_{end} 约为

$$\rho_{\mathrm{end}}=\frac{4\sigma}{c}T_H^4=\frac{\hbar H^4}{240\pi^2c^3}$$

其中，$\sigma=\pi^2k_B^4/60\hbar^3c^2$ 是 Stephan-Boltzmann 常数，暴胀时期的哈勃参数很大，因此上式得到的能量密度很大。暴胀结束后宇宙进入辐射主导时期，随着宇宙的膨胀辐射密度迅速下降，宇宙进入物质主导时期。假设在 t_m 时刻(t_m 的值对我们的估算来说并不重要)，宇宙进入物质主导时期，此时物质密度为 ρ_m。这两个时期随着宇宙的膨胀，宇宙的能量被稀释，

能量密度不断减小。

第 1 章中我们介绍了不同能量主导时期宇宙的演化规律。辐射主导时期，辐射的能量密度 $\rho\propto a^{-4}$，尺度因子随时间的变化关系为 $a\propto t^{1/2}$。因此可以得到如下关系：

$$\frac{\rho_{\text{end}}}{\rho_m}=\left(\frac{a_m}{a_{\text{end}}}\right)^4=\left(\frac{t_m}{t_{\text{end}}}\right)^2 \tag{6.11}$$

物质主导时期，物质的能量密度 $\rho\propto a^{-3}$，尺度因子 $a\propto t^{2/3}$，类似地可以得到

$$\frac{\rho_m}{\rho_{\text{now}}}=\left(\frac{a_{\text{now}}}{a_m}\right)^4=\left(\frac{t_{\text{now}}}{t_m}\right)^2 \tag{6.12}$$

结合表达式(6.11)和式(6.12)，我们发现在辐射和物质主导时期宇宙中的能量密度都是与时间的平方成反比的，因此可以近似地得到宇宙在暴胀结束时能量密度与现在能量密度之间的关系：

$$\frac{\rho_{\text{end}}}{\rho_{\text{now}}}=\frac{\rho_{\text{end}}}{\rho_m}\frac{\rho_m}{\rho_{\text{now}}}=\left(\frac{t_{\text{now}}}{t_{\text{end}}}\right)^2 \tag{6.13}$$

普朗克卫星的数据表明现在宇宙的年龄大约为 138.2 亿年，即

$$t_{\text{now}}\approx 4.36\times 10^{17}\ \text{s}$$

当今宇宙中物质的密度(包括普通物质和暗物质)为

$$\rho_{\text{now}}\approx \Omega_m\rho_c\approx 2.6\times 10^{-27}\ \text{kg/m}^3$$

我们得到 $t_{\text{end}}=N/H$，在标准宇宙学模型中 $N\approx 60$。上一章节的暴胀模型中，哈勃参数约为普朗克尺度，$H\sim 1/t_p\sim 1.8\times 10^{43}\ \text{s}^{-1}$，联合上述公式可以得到

$$\rho_{\text{end}}\left(\frac{t_{\text{end}}}{t_{\text{now}}}\right)^2=1.21\times 10^{-25}\ \text{kg/m}^3 \tag{6.14}$$

因此得到 $\rho_{\text{end}}(t_{\text{end}}/t_{\text{now}})^2>\rho_{\text{now}}$，这表明暴胀时期由于 Hawking 辐射效应而产生的粒子有能力在暴胀结束后重新加热宇宙，并作为现在宇宙中物质的来源。

物质-反物质不对称性的起源是宇宙学和粒子物理中的一个重要问题。根据粒子产生的隧穿图像，粒子和反粒子同时被产生且具有相同的数量。然而大量的证据表明，物质在当今的宇宙中占绝大多数，而且在宇宙学尺度上没有发现反物质大量存在的区域。Sakharov在 1967 年首次建议重子的不对称性不是宇宙的初始条件决定的，而可能是由某些微观物理法则决定。他给出了能够导致重子不对称的三个条件：① 重子数不守恒；② CP 破缺；③ 偏离热平衡态。如果再加热的温度高于规范玻色子的质量对应的温度，则重子不对称和 CP 破缺都会由于玻色子的衰变而发生。当温度高于10^{11} GeV 时，也会由于 Higgs 玻色子的衰变而产生重子不对称性。在计算中，再加热的温度足够高($T_H\sim 2\times 10^{31}$ K，对应的能量尺度为 2×10^{18} GeV)，能够满足上述条件。因此，重子不对称有可能发生在暴胀时期。

6.4　能量粒子转换

暴胀时期宇宙的温度也可以由 Unruh 效应得到。Unruh 温度由 Unruh 在 1976 得到，它表明真空中一个匀加速运动的观测者会观测到一个温度：

$$T=\frac{\kappa}{2\pi} \tag{6.15}$$

其中，κ 是匀加速运动观测者的加速度。根据爱因斯坦的等效原理，将 de Sitter 时空视界处的引力加速度代入方程(6.15)中，会得到前文给出的相同结果。对于平坦的 FRW 时空，任意位置 $\tilde{r}$ 处的引力加速度为

$$\kappa = -\frac{2}{\tilde{r}}(\dot{H} + 2H^2)$$

前文给出对于指数加速膨胀的宇宙，其视界位于 $\tilde{r}=1/H$ 处，且 H 为常数。将 $\tilde{r}=1/H$，$\dot{H}=0$ 代入上式，可以得到 $\kappa=-H$。这里的“－”表示引力加速度的方向为从视界内到视界外，和黑洞视界处的引力加速度方向相反，因此隧穿时正能和负能粒子的运动方向也与黑洞辐射的粒子运动方向相反，即宇宙视界处正能粒子进入视界，而负能粒子逃出视界到无穷远的地方。对于一个空的德西特空间，视界处产生的温度 $T=|\kappa|/2\pi=H/2\pi$。

当视界处产生的粒子进入视界后，宇宙便不再是空的了。进入视界的粒子的引力效应将会影响视界的位置以及视界处的引力，进而影响隧穿对应的温度。我们可以写出能量为 ω 的粒子进入 de Sitter 时空视界后的弗里德曼方程：

$$\begin{cases} \left(\dfrac{\dot{a}}{a}\right)^2 = \dfrac{8\pi G}{3}\rho_\gamma + \dfrac{\Lambda}{3} \\ \dfrac{\ddot{a}}{a} = -\dfrac{4\pi G}{3}(\rho_\gamma + 3p_\gamma) + \dfrac{\Lambda}{3} \end{cases} \tag{6.16}$$

为了简便，方程中用 Λ 来表示与量子势等效的宇宙学常数，ρ_γ，p_γ 分别表示进入视界的粒子引起的密度以及压强。由于进入视界的粒子是相对论性粒子，所以 $p_\gamma=\rho_\gamma/3$，视界内的能量密度为

$$\rho_\gamma = \frac{\omega}{V} = \frac{3\omega H_f^3}{4\pi} \ll \frac{\Lambda}{3}$$

用 H_i 表示粒子进入视界之前空的德西特宇宙的哈勃参数，H_f 表示粒子 $\tilde{\omega}$ 进入视界后的哈勃参数。令方程(6.16)中 $\rho_\gamma=0$，可以得到 $H_i=\sqrt{\Lambda/3}$。由此可以得到粒子进入视界后哈勃参数的变化。

$$\begin{cases} \dot{H}_f = -\dfrac{16\pi G}{3}\rho_\gamma = -4G\omega H_f^3 \\ H_f\sqrt{\dfrac{8\pi G}{3}\rho_\gamma + H_i^2} = \sqrt{2G\omega H_f^3 + H_i^2} \end{cases} \tag{6.17}$$

此时，视界位于 $\tilde{r}=1/H_f$ 处，其引力加速度为

$$\kappa_f = -\frac{1}{2H_f}(\dot{H}_f + 2H_f^2) \tag{6.18}$$

将方程(6.17)代入方程(6.18)中，由于进入视界的粒子能量很小，我们把 ω 当作小量，所以 H_i 与 H_f 相差很小，因此可将 κ 做近似展开：

$$\begin{aligned} |\kappa_f| = \frac{H_i^2}{H_f} &\approx \frac{H_i}{\sqrt{2G\tilde{\omega}H_i + 1}} \\ &\approx H_i(1 - G\tilde{\omega}H_i) \end{aligned}$$

那么，粒子进入视界后宇宙的温度为

$$T_f = \frac{H_i(1 - G\tilde{\omega}H_i)}{2\pi}$$

这个温度低于产生辐射之前的温度 $T_i = H_i/2\pi$。可以看出，当辐射粒子的能量 $\omega \to 0$ 时，回到我们之前得到的结果。表达式(6.17)表明 $\dot{H}_f < 0$，这意味着正能粒子进入视界之后哈勃参数减小，相应地宇宙视界将增大。哈勃参数减小的速率与视界内的能量密度相关。刚开始产生粒子时，视界内的粒子很少，哈勃参数缓慢减小；随着时间的增加，越来越多的粒子进入视界，这导致哈勃参数和宇宙温度减小的速度越来越快。这样量子势的能量通过宇宙的指数加速膨胀转化成粒子，并由于这些粒子的引力作用导致暴胀结束。

本章证明了宇宙的时间和空间可以自反地产生于无，在此基础上研究了暴胀时期粒子的产生问题，利用隧穿的方法计算了粒子从宇宙视界处的产生率，得到了暴胀时期的 Hawking 辐射的温度。我们发现宇宙视界处产生粒子的机制类似于黑洞辐射的时间反转。宇宙视界处产生的正能粒子进入视界内部，负能粒子逃出视界。随着该过程的发生，哈勃参数减小，宇宙视界增大，辐射温度降低。暴胀结束时宇宙的温度大约为 $T_H \sim 10^{31}$ K$\approx 10^{18}$ GeV，因此暴胀结束时具有很高的能量密度。根据我们的估算，这个能量随着宇宙的膨胀不断被稀释，到现在仍略大于宇宙中的物质密度。这表明暴胀时期产生的粒子有能力再加热宇宙并作为现在宇宙中物质的来源。还研究了粒子产生的动力学过程，给出了暴胀退出的微观机制。至此，给出了宇宙的时间空间以及宇宙中物质产生于无的一个完整描述。

本章小结

本章研究了暴胀时期宇宙中粒子的产生过程，发现暴胀时期产生的粒子可以作为现在宇宙中物质的来源；计算了粒子从宇宙视界处的产生率，发现宇宙视界处产生粒子的机制类似于黑洞辐射的时间反转。暴胀结束时宇宙的温度大约为普朗克温度，根据估算这个能量随着宇宙的膨胀不断被稀释到现在仍略大于现在宇宙中的物质密度。这表明暴胀时期产生的粒子可能为现在宇宙中物质的来源。

第7章 总结与展望

本书是作者在量子宇宙学和暗能量问题方面所做的研究工作的总结。本书给出了宇宙自发产生于无的一个数学证明；研究了宇宙中物质的来源；提出了宇宙波函数的动力学解释；在小超空间模型下证明宇宙学量子势无法充当暗能量推动当今宇宙加速膨胀。本书的主要内容有以下几个方面。

第1，2章简单介绍了现代宇宙学的发展史以及大爆炸理论和暴胀理论，并分析了大爆炸理论和暴胀理论面临的问题。还介绍了量子宇宙学的研究现状和研究内容以及从爱因斯坦引力场方程正则量子化得到的惠勒-德威特方程。

第3章，使用玻姆轨道理论，从量子宇宙学的基本方程惠勒-德威特方程出发，证明一旦真空中由于量子涨落产生一个小真空泡，这个真空泡便会自发地指数加速膨胀，从而产生时间和空间，进而产生早期宇宙。我们发现早期宇宙中，量子效应对宇宙的演化起主导作用。量子势是早期宇宙暴胀的根源，它为早期宇宙的快速长大提供了动力。随着宇宙的长大，量子效应减弱、量子势变小，暴胀结束。该暴胀机制中不需要额外地假设任何物质场或者宇宙学常数，早期宇宙可以由其量子效应从无中产生，即宇宙可以由量子效应自发产生。

第4章，我们给出了宇宙波函数的动力学解释。在解释中宇宙的概率密度表示在整个宇宙演化过程中宇宙处于某个状态的概率。据此，给出了宇宙波函数与宇宙演化之间的关系。计算表明，在小超空间模型下，宇宙的概率密度反比于宇宙的哈勃参数。这进一步证明利用波函数的动力学解释，惠勒-德威特方程在经典极限下可以给出宇宙正确的经典演化规律，满足经典量子对应。同时，利用波函数的动力学解释，量子宇宙学中长期存在的由于算符次序模糊性而引入算符次序因子的取值问题得到了解决。要求宇宙波函数在宇宙任何时期都有限，我们给出了算符次序因子的约束。研究表明，算符次序因子代表早期宇宙的量子化规则，只影响宇宙的量子行为，当宇宙变得足够大时，算符次序因子不再影响宇宙的演化。

第5章，从惠勒-德威特方程出发，使用德布罗意-玻姆量子轨道理论，给出了带有量子修正的弗里德曼方程，并依次研究了宇宙从小到大过程中量子效应的变化。我们发现，在宇宙很小时，其量子效应十分显著，可以有效推动宇宙加速长大。伴随着宇宙长大，其量子效应迅速衰减。对于长大后的宇宙，无论是真空还是物质主导，其量子效应都远远小于暗能量的数值(但并不为0)，无法为宇宙加速膨胀提供足够的支持。该研究排除了一类由宇宙量子效应导致当今宇宙加速膨胀的暗能量模型并且对标量场作为暗能量候选给出了理论限制，为进一步研究暗能量的性质聚焦了方向。

第6章，研究了暴胀时期宇宙中粒子的产生过程，发现暴胀时期产生的粒子可以作为现在宇宙中物质的来源。对指数加速膨胀时空坐标变换，发现指数加速膨胀的时空和黑洞时空具有类似的性质。利用隧穿的方法，计算了粒子从宇宙视界处的产生率，得到了暴胀时期霍金辐射的温度。研究发现，宇宙视界处产生粒子的机制类似于黑洞辐射的时间反转。宇宙视界处产生的正能粒子进入视界内部，负能粒子逃出视界外。暴胀结束时宇宙的温度大约为普朗克温度，因此暴胀结束时宇宙具有很高的能量密度。根据的估算，这个能量随着宇宙的膨胀不断被稀释到仍略大于现在宇宙中的物质密度。这表明暴胀时期产生的粒子有能力再加热宇宙，并作为现在宇宙中物质的来源。其次还研究了粒子产生的动力学过程，给出了暴胀退出的微观机制。因此我们给出了宇宙的时间、空间以及宇宙中物质产生于无的一个完整描述。

宇宙学的发展建立在天文观测基础之上，实验技术的快速发展为现代宇宙学的发展提供了重要的实验数据支撑。一方面，需要研究和发展关于宇宙的起源以及宇宙演化的相关理论，有助于理解与指导天文观测，揭开宇宙起源的谜团。另一方面，暴胀期间引力和量子效应都发挥了重要作用，暴胀有可能成为探索量子引力理论的天然“实验室”。深入研究宇宙的量子效应，不仅可以帮助人们揭开宇宙的起源及演化之谜，还有助于理解和发展量子引力理论。

参考文献

[1] 刘辽，赵峥. 广义相对论[M]. 2 版. 北京：高等教育出版社 2004.

[2] 王永久. 经典宇宙和量子宇宙[M]. 北京：科学出版社 2017.

[3] 凌德洪，周万生. 相对论[M]. 上海：上海科学技术出版社，1979.

[4] 梁灿彬，周彬. 微分几何入门与广义相对论(上册)[M]. 2 版. 北京：高等教育出版社，2004.

[5] PEEBLES P. The cosmological constant and dark energy[J]. Reviews of Modern Physics, 2003, 75: 559-606.

[6] HUBBLE E. A relation between distance and radial velocity among extra-galactic nebulae[J]. Proceedings of the National Academy of Sciences, 1929, 15: 168.

[7] BONDI H, GOLD T. The Steady-State Theory of the Expanding Universe Eric Weisstein's World of Astronomy[J]. Mon. Not. Roy. Astron. Soc, 1948, 108: 252.

[8] HOYLE F. A new model for the expanding universe[J]. Mon. Not. Roy. Astron. Soc, 1948, 108: 372.

[9] ALPHER R A, GAMOW G. The Origin of Chemical Elements[J]. Physical Review, 1948, 73: 803.

[10] PENZIAS A A, WILSON R W. A measurement of excess antenna temperature at 4080 Mc/s[J]. Astrophysical Journal, 1965, 142: 419.

[11] PENZIAS A A, WILSON R W. A measurement of excess antenna temperature at 4080 Mc/s[J]. The Astrophysical Journal, 1965, 142: 419-421.

[12] MISNER C W. The isotropy of the universe[J]. The Astrophysical Journal, 1968, 151: 431.

[13] WEINBERG S. Cosmology[M]. Oxford university press, 2008: 155.

[14] PEEBLES P J E. Principles of Physical Cosmology[M]. Princeton: Princeton University Press, 1993: 263.

[15] T HOOFT G. Magnetic monopoles in Unified Gauge Theories[J]. Nuclear Physics B, 1974, 79: 276.

[16] GUTH A, TYE S. Phase Transitions and Magnetic Monopole Production in the Very Early Universe[J]. Physical Review Letterers, 1980, 44: 631.

[17] EINHORN M B, STEIN D L, DOUG T. Are Grand Unified Theories Compatible with Standard Cosmology? [J]. Physical Review D, 1980, 21: 3295.

[18] Zeldovich Y B, Khlopov M Y. On the concentration of relic magnetic monopoles in the universe[J]. Physics Letters B, 1978, 79(3): 239-241.

[19] PRESKILL J. Cosmological production of superheavy magnetic monopoles[J]. Physical Review Letter, 1979, 43: 1365.

[20] STAROBINSKY A A. Spectrum of relict gravitational radiation and the early state of the universe[J]. JETP Lett, 1979, 30: 682.

[21] STAROBINSKY A A. A new type of isotropic cosmological models without singularity[J]. Physics Letters B, 1980, 91: 99.

[22] GUTH A H. Inflationary universe: A possible solution to the horizon and flatness problems[J]. Physical Review D, 1981, 23: 347.

[23] LINDE A D. A new inflationary universe scenario: A possible solution of the horizon, flatness, homogeneity, isotropy and primordial monopole problems[J]. Physics Letters B, 1982, 108: 389.

[24] ALBRECHT A, STEINHARDT P. Cosmology for grand unified theories with radiatively induced symmetry breaking[J]. Physical Review Letter, 1982, 48: 1220.

[25] LINDE A D. Chaotic inflation[J]. Physics Letters B, 1983, 129: 177.

[26] GUTH A H, WEINBERG E. J. Could the universe have recovered from a slow 1ST-order phase-transition[J]. Nuclear Physics B, 1983, 212: 321.

[27] LINDE A D. Axions in inflationary cosmology[J]. Physics Letters B, 1991, 259: 38.

[28] LINDE A D. Hybrid inflation[J]. Physical Review D, 1994, 49: 748.

[29] WU Z C. A quantum theory on the birth of the universe[J]. Progress in Astronomy, 1984, 2: 2.

[30] HARTLE J B, HAWKING S W. Wave function of the universe[J]. Physical Review D, 1983, 28: 2960.

[31] HAWKING S W. The quantum state of the universe[J]. Nuclear Physics B, 1984, 239: 257.

[32] VILENKIN A. Creation of the universe from nothing[J]. Physics Letters B, 1982, 117: 25.

[33] VILENKIN A. Birth of inflationary universes[J]. Physical Review D, 1983, 27: 2848.

[34] ROVELLI C, SMOLIN L. A new approach to quantum gravity based on loop variables [C]//International conference on Gravitation and Cosmology, Goa, Dec. 1988: 14-19.

[35] SEN A. Gravity as a spin system[J]. Physics Letters B, 1982, 119: 89.

[36] ASHTEKAR A, HUSAIN V, ROVELLI C, et al. 2+1 quantum gravity as a toy model for the 3+1 theory[J]. Classical and Quantum Gravity, 1989, 6: 185.

[37] DEWITT B S. Quantum theory of gravity. I. The Canonical Theory[J]. Physical Review, 1967, 160: 1113.

[38] RIESS A, et al. Observational evidence from supernovae for an accelerating universe and a cosmological constant[J]. Astronomical Journal, 1998, 116: 1009.

[39] SPERGEL D N, et al. First-year wilkinson microwave anisotropy probe (WMAP) * observations: determination of cosmological parameters [J]. Astrophysical Journal

Supplement, 2003, 148: 175.

[40] CHABOYER B, KRAUSS L M. Theoretical uncertainties in the subgiant mass-age relation and the absolute age of omega Centauri[J]. Astrophysical Journal, 2002, 567: L45.

[41] WOOD-VASEY W M, et al. Observational constraints on the nature of the dark energy: First cosmological results from the ESSENCE supernova survey [J]. Astrophysical Journal, 2007, 666: 694.

[42] ASTIER P, et al. The supernova legacy survey: Measurement of Ω_m, Ω_Λ and w from the first year data set[J]. Astronomy and Astrophysics, 2006, 447: 31.

[43] PERLMUTTER S, et al. Measurements of Ω and Λ from 42 high-redshift supernovae[J]. Astrophysical Journal, 1999, 517: 565.

[44] RIESS A G, et al. Type Ia supernova discoveries at $z>1$ from the Hubble space telescope: evidence for past deceleration and constraints on dark energy evolution [J]. Astrophysical Journal, 2004, 607: 665.

[45] BOGGESS N W, et al. The COBE mission: Its design and performance two years after the launch[J]. Astrophysical Journal, 1992, 397: 420.

[46] Liddle A. An introduction to modern cosmology[M]. John Wiley & Sons, 2015: 89.

[47] WILLIAM C K. The road to galaxy formation[M]. 2nd ed. Springer-Praxis, 2007: 136.

[48] BARRETT R K, CLARKSON C A. Undermining the cosmological principle: almost isotropic observations in inhomogeneous cosmologies[J]. Classical Quantum Gravity 2000, 17: 5047.

[49] CARROLL S M. The cosmological constant[J]. Living Rev. Relativity, 2001, 3: 1.

[50] ADE P, AGHANIM N, ALVES M, et al. Planck 2013 results. I. Overview of products and scientific results[J]. Astronomy & Astrophysics, 2014, 571: A1.

[51] ADE P, AGHANIM N, ARMITAGE-CAPLAN C, et al. Planck 2013 results. XVI. Cosmological parameters[J]. Astronomy & Astrophysics, 2014, 571: A16.

[52] PERCIVA W J, Reid B A, Eisenstin D J, et al. Baryon acoustic oscillations in the sloan digital sky survey data release 7 galaxy sample[J]. Monthly Notices of the Royal Astronomical Society, 2010, 401: 2148.

[53] KOMATSU E, Dunkley J, Nolta M R, et al. (WMAP Collaboration). Seven-year wilkinson microwave anisotropy probe (WMAP) observations: Cosmological interpretation[J]. Astrophys. J. Suppl, 2011, 192: 18.

[54] HAWKING S W, PENROSE R. The nature of space and time[M]. Princeton: Princeton University Press, 1996: 186.

[55] HAWKING S W, ELLIS G F R. The large scale structure of space-time[M]. Cambridge: Cambridge University Press, 1982: 156.

[56] THORN K. Black holes & time warps: Einstein's outrageous legacy (commonwealth

fund book program)[M]. WW Norton & Company, 1995.
[57] MCVITTIE G C. General relativity and cosmology[M]. London: Chapman and Hall, 1956: 213.
[58] WEINBERG S. The cosmological constant problem[J]. Review of Modern Physics, 1989, 61: 1.
[59] UNRUH W G. Unimodular theory of canonical quantum gravity[J]. Physical Review D, 1989, 40: 048.
[60] RUGH S E, ZINKERNAHELH. The quantum vacuum and the cosmological constant problem[J]. Stud. Hist. Philos. Mod. Phys, 2002, 33: 663.
[61] GERVAIS J L, SAKITA B. Field theory interpretation of supergauges in dual models[J]. Nuclear Physics B, 1971, 34: 632.
[62] VOLKOV D V, AKULOV V P. Is the neutrino a Goldstone particle? [J]. Physics Letters B, 1973, 46(1): 109-110.
[63] FRIEMAN J A, TURNER M S, HUTERER D. Dark energy and the accelerating universe[J]. Annual Review of Astronomy and Astrophysics, 2008, 46: 385.
[64] CALDWELL R R. A phantom menace? Cosmological consequences of a dark energy component with super-negative equation of state[J]. Physics Letters B, 2002, 545: 23.
[65] CARROLL S M, HOFFMAN M, TRODDEN M. Can the dark energy equation of state parameter w be less than -1? [J]. Physical Review D, 2003, 68: 023509.
[66] AMENDOLA L, TSUJIKAWA S. Dark energy[M]. London: Cambridge University Press, 2010: 267.
[67] BAMBA K, CAPOZZIELLO S, NOJIRI S, et al. Dark energy cosmology: the equivalent description via different theoretical models and cosmography[J]. Astrophys Space Sci, 2012, 342: 155.
[68] CHIBA T, OKABE T, YAMAGUCHI M. Kinetically driven quintessence[J]. Physical Review D, 2000, 62: 023511.
[69] ARMENDARIZ-PICON C, DAMOUR T, MUKHANOV V. F. k-Inflation[J]. Physics Letters B, 1999, 458: 209.
[70] ARMENDARIZ-PICON C, MUKHANOV V F, STEINHARDT P J. A dynamical solution to the problem of a small cosmological constant and late time cosmic acceleration[J]. Physical Review Letter, 2000, 85: 4438.
[71] NOJIRI S, ODINTSOV S D. Unifying phantom inflation with late-time acceleration: scalar phantom-non-phantom transition model and generalized holographic dark energy[J]. General Relativity & Gravitation, 2006, 38: 1285.
[72] CAPOAAIELLO S, NOJIRI S, ODINTSOV S D. Unified phantom cosmology: inflation, dark energy and dark matter under the same standard[J]. Physics Letters B, 2006, 632: 597.

[73] SAITOU R, NOJIRI S. Stable phantom-divide crossing in two scalar models with matter[J]. European Physical Journal C, 2012, 72: 1946.
[74] BEKENSTEIN J D. Black Holes and Entropy[J]. Physical Review D, 1973, 7: 2333.
[75] HAWKKING S W. Analogy between black-hole mechanics and thermodynamics[J]. Annals of the New York Academy of Sciences, 1973, 224: 268.
[76] HAWKKING S W. Black hole explosions? [J]. Nature, 1974, 248: 30.
[77] SUSSKIND L. The world as a hologram[J]. Journal of Mathematical Physcics, 1994, 36: 6377.
[78] HAWING S W. Particle creation by black hole[J]. Communication of Mathematical Physics, 1975, 43: 99.
[79] HAWING S W. Black holes and thermodynamics[J]. Physical Review D, 1976, 13: 191.
[80] COHEN A, KAPLAN D, NELSON A. Effective field theory, black holes, and the cosmological constant[J]. Physical Review Letter, 1999, 82: 4971.
[81] LI M. A model of holographic dark energy[J]. Physics Letters B, 2004, 603: 1.
[82] HORAVA P, MINIC D. Probable values of the cosmological constant in a holographic theory[J]. Physical Review Letter, 2000, 85: 1610.
[83] THONAS S. Holography stabilizes the vacuum energy[J]. Physical Review Letter, 2002, 89: 081301.
[84] BOLOTIN Y L, LEMETS O A, YEROKHIN D A, et al. Holographic dynamics as way to solve the basic cosmological problems[J]. arXiv preprint arXiv: 1110.5060, 2011.
[85] HSU S D H. Entropy bounds and dark energy[J]. Physics Letters B, 2004, 594(1-2): 13-16.
[86] HUANG Q G, LI M. The holographic dark energy in a non-flat universe[J]. Journal of Cosmology and Astroparticle Physics, 2004, 0408: 013.
[87] GONG Y G, WANG B, ZHANG Y Z. The holographic dark energy reexamined[J]. Physical Review D, 2005, 72: 043510.
[88] HHANG Q G, GONG Y G. Supernova constraints on a holographic dark energy model[J]. Journal of Cosmolgy and Astroparticle Physics, 2004, 0408: 006.
[89] HUANG Q G, LI M. The holographic Dark energy in a non-flat Universe[J]. Journal of Cosmolgy and Astroparticle Physics, 2004, 0408: 013.
[90] HUANG Q G, LI M. Anthropic principle favors the holographic dark energy[J]. Journal of Cosmolgy and Astroparticle Physics, 2005, 0503: 001.
[91] HORVART R. Holography and variable cosmological constant[J]. Physical Review D, 2004, 70: 087301.
[92] ZHANG X. Statefinder diagnostic for holographic dark energy model[J]. International Journal of Modern Physics D, 2005, 14: 1597.

[93] KAO H C, LEE W L, LIN F L. CMB Constraints on the Holographic Dark Energy Model[J]. Physical Review D, 2005, 71: 123518.

[94] HUANG Z P, WU Y L. Analysis on a general class of holographic type dark energy models[J]. Journal of Cosmology and Astroparticle Physics, 2012, 07: 035.

[95] GAO C, CHEN X, SHEN Y G. A holographic dark energy model from Ricci scalar curvature[J]. Physical Review D, 2009, 79: 043511.

[96] FENG C J. Statefinder diagnosis for Ricci dark energy[J]. Physics Letters B, 2008, 670: 231.

[97] CHATTOPADHYAY S. Interacting Ricci dark energy and its statefinder description[J]. Eur. Phys. J. Plus, 2011, 126: 130.

[98] CAI R G. A dark energy model characterized by the age of the universe[J]. Physics Letters B, 2007, 657: 228.

[99] WEI H, CAI R G. A new model of agegraphic dark energy[J]. Physics Letters B, 2008, 660: 113.

[100] BOLOTIN Y L, LEMETS O A. Holographic dynamics as way to solve the basic cosmological problems[J]. Prob. Atomic Sci. Technol, 2012, 1: 157.

[101] NOJIRI S, ODINTSOV S D. Modified f(R) gravity consistent with realistic cosmology: from matter dominated epoch to dark energy universe[J]. Physical Review D, 2006, 74: 086005.

[102] BAMBA K, GENG C Q, LEE C C. Phantom crossing in viable f(R) theories[J]. International Journal of Modern Physics D, 2011, 20: 1339.

[103] CARROLL S M, DUVVURI V, TRODDEN M. et al. Is cosmic speed-up due to new gravitational physics? [J]. Physical Review D, 2004, 70: 043528.

[104] SONG Y S, HU W, SAWICKI I. The large scale structure of f(R) gravity[J]. Physical Review D, 2007, 75: 044004.

[105] DEFFAYET C. Cosmology on a brane in Minkowski Bulk[J]. Physics Letters B, 2001, 502: 199.

[106] ANDREW K, BOLEN B, CHAD A M. Solutions of higher dimensional Gauss-Bonnet FRW cosmology[J]. General Relativity & Gravitation, 2007, 39: 2061.

[107] KOLB E W, MATARRESE S, RIOTTO A. On cosmic acceleration without dark energy[J]. New J. Phys., 2006, 8: 322.

[108] ALMES H, AMARZGUIOUI M, GRON O. An inhomogeneous alternative to dark energy? [J]. Physical Review D, 2006, 73: 083519.

[109] ENQVIST K. Lemaitre-Tolman-Bondi model and accelerating expansion[J]. General Relativity & Gravitation, 2008, 40: 451.

[110] TOMITA K. A local void and the accelerating universe[J]. Mon. Not. Roy. Astron. Soc., 2001, 326: 287.

[111] GUTH A H, WEINBERG E J. Could the universe have recovered from a slow

first order phase transition[J]. Nuclear Physics B, 1983, 212: 321.
[112] HAWKING S W, MOSS I G, STEWART J M. Bubble collisions in the very early universe[J]. Physical Review D, 1982, 26: 2681.
[113] ALBRECHT A, STEINHARDT P J. Cosmology for grand unified theories with radiatively induced symmetry breaking [J]. Physical Review Letter, 1982, 48: 1220.
[114] DODELSON S, KINNEY W H, KOLB E W. Cosmic microwave background measurements can discriminate among inflation models[J]. Physical Review D, 1997, 56: 3207.
[115] BASSETT B A, TSUJIKAWA S, WANDS D. Inflation dynamics and reheating[J]. Review of Modern Physics, 2006, 78: 537.
[116] RIOTTO A. Inflation and the theory of cosmological perturbations[J]. arXiv: hep-ph/0210162, 2002.
[117] FREESE K, FRIEMAN J A, OLINTO A V. Natural inflation with pseudo Nambu-Goldstone bosons[J]. Physical Review Letterer, 1990, 65: 3233.
[118] COPELANF E J, LIDDLE A R, LYTH D H, et al. False vacuum inflation with Einstein Gravity[J]. Physical Review D, 1994, 49: 6410.
[119] POLARSKI D, STAROBINSKY A A. Spectra of perturbations produced by double inflation with an intermediate matter dominated stage[J]. Nuclear Physics B, 1992, 385: 623.
[120] PEEBLES P J E, VILENKINA. Quintessential inflation[J]. Physical Review D, 1999, 59: 063505.
[121] FAIRBAIRN M, TYTGAT M H G. Inflation from a tachyon fluid? [J]. Physics Letters B, 2002, 546: 1.
[122] FEINSTEIN A. Power-law inflation from the rolling tachyon[J]. Physical Review D, 2002, 66: 063511.
[123] THOMAS S, WARD J. Inflation from geometrical tachyons[J]. Physical Review D, 2005, 72: 083519.
[124] ARKANI-HAMED N, CREMINELLI P, MUKOHYAMA S, et al. Ghost inflation[J]. Journal of Cosmolgy and Astroparticle Physics. , 2004, 0404: 001.
[125] HE D, GAO D, CAI Q Y. Spontaneous creation of the universe from nothing[J]. Physical Review D, 2014, 89: 083510.
[126] LINDE A D. Particle physics and inflationary cosmology[M]. Switzerland: Harwood Chur, 1990: 142.
[127] KOFMAN L, LINDE A A. Starobinsky, reheating after inflation[J]. Physical Review Letterer 1994, 73: 3195.
[128] ABBOTT L F, FAHRI E, WISE M. Particle production in the new inflationary cosmology[J]. Physics Letters B, 1982, 117: 29.

[129] TRASCHEN J, BRANDENBERGER R. Particle production during out-of-equilibrium phase transitions[J]. Physical Review D, 1990, 42: 2491.

[130] CHUNG D J H, KOLB E, RIOTTO W A. Production of massive particles during reheating[J]. Physical Review D, 1999, 60: 063504.

[131] BAUMANN D. TASI lectures on inflation[J]. arXiv: 0907.5424v2[hep-th], 2012.

[132] MUKHANOV V F. Physical foundations of cosmology[M]. Cambrige University Press. 2005: 89.

[133] MUKHANOV V F, FELDMAN H A, BRANDENBERGER R H. Theory of cosmological perturbations[J]. Physics Reports, 1992, 215: 203.

[134] LYTH D H, LIDDLE A R. The primordial density perturbation[M]. Cambrige University Press, 2009: 253.

[135] MATARRESE B S, RIOTTO A. Adiabatic and isocurvature perturbations from inflation: Power spectra and consistency relations[J]. Physical Review D, 2001, 64, 123504.

[136] BARTOLO N, MATARRESE S, RIOTTO A. Observational test of two-field inflation[J]. Physical Review D, 2002, 66, 043520.

[137] ADE P A R, et al. (BICEP2 Collaboration), detection of B-mode polarization at degree angular scales by BICEP2[J]. Physical Review Letterers, 2014, 112. 24: 241101.

[138] CHENG C, HUANG Q G. Constraint on inflation model from BICEP2 and WMAP 9-year data[J]. International Journal of Modern Physics D, 2015, 24.04: 1541001.

[139] CZERNY M, HIGAKI T, TAKAHASHI F. Multi-natural inflation in supergravity and BICEP2[J]. Physics Letters B, 2014, 734: 167.

[140] KOBAYASHI T, SETO O. Polynomial inflation models after BICEP2[J]. Physical Review D, 2014, 89, 103524.

[141] DIMOPOULOS K. Shaft inflation[J]. Physics Letters B, 2014, 735: 75.

[142] KEHAGIAS A, RIOTTO A. Remarks about the Tensor Mode Detection by the BICEP2 collaboration and the super-planckian excursions of the inflaton field[J]. Physical Review D, 2014, 89, 101301.

[143] GAO Q, GONG Y G. The challenge for single field inflation with BICEP2 result[J]. Physics Letters B, 2014, 734, 41.

[144] CREMINELLI P, NACIR D L, SIMONOVI M. Testing the simplest inflationary potential[J]. Physical Review Letterer 2014, 112: 241303.

[145] GREEN M B, SCHWARZ H, WITTEN E. Superstring theory[M]. Cambridge: Cambridge University Press, 1987: 233.

[146] NIEUWENHUIZEN V P. Supergravity[J]. Phys. Rep, 1981, 68: 189.

[147] WEST P. Introduction to supersymmetry and supergravity[M]. Singapore, World Scientific, 1986.

[148] SALAM A, SEZGIN E. Supergravities in diverse dimensions[M]. Singapore: World Scientific, 1989.

[149] DEWITT B S. Quantum theory of gravity. II. The Manifestly Covariant Theory[J]. Physical Review, 1967, 162: 1195.

[150] ARNOWITT R, DESER S, MISNER C. Dynamical structure and definition of energy in general relativity[J]. Physical Review, 1959, 116: 1322.

[151] DIRAC P A M. Generalized Hamiltonian dynamics[J]. Proc. R. Soc. Lond. A 1958, 246: 326.

[152] HANSON A, REGGE T and TEITELBOIM C. Constrained hamiltonian systems[M]. Rome: Accademia Nationale dei Lincei, 1976, 145.

[153] NAMBU Y, SASAKI M. The wave function of A collapsing dust sphere inside the black hole horizon[J]. Progress of theoretical physics, 1988, 79: 96.

[154] NAKAMURA K, KONNO S. Quantum fluctuations of black hole geometry[J]. Phys. Prog. Theor, 1993, 90: 861.

[155] CAVAGLIA M, ALFARO DE V, FILIPPOV A T. Hamiltonian formalism for black holes and quantization[J]. International Journal of Modern Physics D, 1995, 4: 661.

[156] VAZ C, WITTEN L. Mass quantization of the Schwarzschild black hole[J]. Physical Review D, 1999, 60(2): 024009.

[157] CHRISTODOULAKIS T, DIMAKIS D, TERZIS P A. Minisuperspace canonical quantization of the Reissner-Nordstrom black hole via conditional symmetries[J]. Physical Review D, 2014, 89, 044031.

[158] COLEMAN S, HARTLE J B, PIRAN T. Quantum cosmology and baby universes[M]. Proceedings Of 7th Jerusalem Winter School. World Scientific, 1991: 276.

[159] WILTSHIRE D L. An introduction to quantum cosmology[J]. Cosmology: the Physics of the Universe, 1996: 473-531.

[160] VILENKIN A. Quantum creation of universes[J]. Physical Review D, 1984, 30: 509.

[161] VILENKIN A. Quantum Origin of the Universe[J]. Nuclear Physcis, 1985, 8252: 141.

[162] VILENKIN A. Classical and quantum cosmology of the Starobinsky inflationary model[J]. Physical Review D, 1985, 32: 2511.

[163] VILENKIN A. Boundary-conditions in quantum cosmology[J]. Physical Review D, 1986, 33: 3560.

[164] VILENKIN A. Quantum cosmology and the initial state of the Universe[J]. Physical Review D, 1988, 37: 888.

[165] VILENKIN A. Approaches to Quantum Cosmology[J]. Physical Review D, 1994, 50: 2581.

[166] LINDE A D. Quantum creation of an open inflationary universe[J]. Physical Review D, 1998, 58: 083514.

[167] Guth A H. Inflationary universe: A possible solution to the horizon and flatness problems[J]. Inflationary Cosmology, 1986, 23(2): 14.

[168] RUNDLE B. Why there is something rather than nothing? [M]. Clarendon Press, 2004: 102.

[169] Pinto-Neto N, FABRIS J C. Quantum cosmology from the de Broglie-Bohm perspective class[J]. Quantum Gravity, 2013, 30: 143001.

[170] PINTO-NETO N, FALCIANO T F, PEREIRA R, et al. Wheeler-DeWitt quantization can solve the singularity problem[J]. Physical Review D, 2012, 86: 063504.

[171] KIM P S. Quantum potential and cosmological singularities[J]. Physics Letters A, 1997, 236: 11.

[172] VILENKIN A. Interpretation of the wave function of the universe[J]. Physical Review D, 1989, 39: 1116.

[173] HOLLAND R P. The quantum theory of motion[M]. Cambridge: Cambridge University Press, 1993: 254.

[174] BOHM D. A suggested interpretation of the quantum theory in terms of "Hidden" variables[J]. Physical Review, 1952, 85: 166.

[175] BOHM D. A suggested interpretation of the quantum theory in terms of "Hidden" variables. II[J]. Physical Review, 1952, 85: 180.

[176] LAI X Y, CAI Q Y, ZHAN S M. Above-threshold ionization photoelectron spectrum from quantum trajectory[J]. The European Physical Joural D, 2009, 53: 393-396.

[177] LAI X Y, CAI Q Y, ZHAN S M. Bohmian mechanics to highorder harmonic generation[J]. Chinese Phycics B, 2010, 19: 020302.

[178] LAI X Y, CAI Q Y, ZHAN S M. Quantum to classical transition in intense laser-atom physics[J]. New Phys, 2009, 11: 113035.

[179] GRISHCHUK P L. Quantum effects in cosmology[J]. Classical quantum gravity 1993, 10: 2449.

[180] ROSER P, VALENTINI A. Classical and quantum cosmology with York time [J]. Classical and Quantum Gravity, 2014, 31(24): 245001.

[181] ALI F A, DAS S. Cosmology from quantum potential[J]. Physics letters B, 2015, 741: 276-279.

[182] JOHN V M. Exact classical correspondence in quantum cosmology[J]. Gravitation and Cosmology, 2015, 21(3): 208-215.

[183] HARTLE B J, HAWKING W S, HERTOG T. Quantum probabilities for inflation from holography[J]. Journal of Cosmology and Astroparticle Physics, 2014, 2014 (01): 015.

[184] COULE H D. Quantum cosmological models[J]. Classical and Quantum Gravity, 2005, 22(12): R125.

[185] ALBRECHT A, STEINHARDT P. Cosmology for grand unified theories with

radiatively induced symmetry breaking[J]. Physical Review Letterer, 1982, 48: 1220-1223.

[186] LI T P, LI M Z, QIU T T, et al. What can we learn from the tension between PLANCK and BICEP2 data? [J]. SCIENCE CHINA Physics, Mechanics & Astronomy, 2014, 57(8): 1431-1441.

[187] CAI Y F. Exploring bouncing cosmologies with cosmological surveys[J]. SCIENCE CHINA Physics, Mechanics & Astronomy, 2014, 57(8): 1414-1430.

[188] LI T P, WU M. Evolution of dark energy-dark matter-coupled expanding universe [J]. Chinese Science Bulletin, 2014, 59(33): 4473-4477.

[189] BASSETT A B, TSUJIKAWA S, WANDS D. Inflation dynamics and reheating[J]. Review of Modern Physics, 2006, 78: 537－589.

[190] LINDE A. Inflationary cosmology[J]. Lect. Notes Phys, 2008, 738: 1-54.

[191] PARKER L. Quantized fields and particle creation in expanding universes[J]. Physical Review, 1969, 183: 1057-1068.

[192] LAPEDES S A. Bogoliubov transformations, propagators, and the Hawking effect[J]. Math. Phys, 1978, 19: 2289-2293.

[193] BIRRELL D N, DAVIES W P C. Quantum fields in curved space[M]. London: Cambridge University Press, 1982: 56.

[194] FORD H L. Gravitaional particle creation and inflation[J]. Physical Review D, 1987, 35: 2955-2960.

[195] PARIKH K M, WILCZEK. F. Hawking radiation as tunneling[J]. Physical Review Letter, 2000, 85: 5042-5045.

[196] ZHANG B, CAI Q Y, YOU L, et al. Hidden messenger revealed in Hawking radiation: A resolution to the paradox of black hole information loss[J]. Physical Letters B, 2009, 675: 98-101.

[197] ZHANG B, CAI Q Y, YOU L et al. Information conservation is fundamental: recovering the lost information in Hawking radiation[J]. International Journal of Modern Physics D, 2013, 26: 1341014.

[198] SRINIVASAN K, PADMANABHAN T. Particle production and complex path analysis[J]. Physical Review D, 1999, 60: 024007.

[199] VANZO L, ACQUAVIVA G, CTISCIENZO D R. Tunnelling methods and Hawking's radiation: achievements and prospects [J]. Classical Quantum Gravity, 2011, 28: 183001.

[200] BRANDENBERGER H R. Quantum field theory methods and inflationary universe models[J]. Review of Modern Physics, 1985, 57: 1-60.

[201] MODAK K S, SINGLETON D. Inflation with a graceful exit and entrance driven by Hawking radiation[J]. Physical Review D, 2012, 86: 123515.

[202] GILL DE A, SINGLETON D, AKHMEDOVA V. A WKB-like approach to Unruh

radiation [J]. Am. Phys, 2010, 78: 685-691.

[203] ZHANG B, CAI Q Y, ZHAN S M, The temperature in Hawking radiation as tunneling[J]. Physical Letters B, 2009, 671: 310-313.

[204] MAJHI T B. Fermion tunneling beyond semiclassical approximation[J]. Classical and Quantum Gravity, 2008, 25: 09501.

[205] COHEN G A, RUJULA D E, GLASHOW L S. A matter-antimatter universe? [J]. Astrophys, 1998, 495: 539-549.

[206] DINE M, KUSENKO A. Origin of the matter-antimatter asymmetry[J]. Review of Modern Physics, 2004, 76: 1-30.

[207] SAKHAROV D A. Violation of CP invariance C asymmetry and baryon asymmetry of universe[J]. JETP Lett, 1967, 5: 24-27.

[208] UNRUH W. Notes on black-hole evaporation[J]. Physical Review D, 1976, 14: 870-892.

[209] CAI G R, KIM P S. First law of thermodynamics and Friedmann equations of Friedmann-Robertson-Walker universe[J]. Journal of High Energy Physics, 2005, 0502: 050.

[210] HE D S, CAI Q Y. Inflation of small true vacuum bubble by quantization of Einstein-Hilbert action[J]. SCIENCE CHINA Physics, Mechanics & Astronomy, 2015, 58 (7): 1-10.

[211] WILTSHIRE L D. Wave functions for arbitrary operator ordering in the de sitter minisuperspace approximation[J]. General Relativity and Gravitation, 2000, 32: 515.

[212] 曾谨言. 量子力学教程[M]. 2 版. 北京：科学出版社，2008：56.

[213] WOOD-VASEY M W, et al. Observational constraints on the nature of dark energy: First cosmological results from the ESSENCE supernova survey[J]. Astrophys Journal, 2007, 666: 694.

[214] LOUDON R. The quantum theory of light[M]. New York: Oxford University Press, 2001.

[215] PERLMUTER S. Supernovae, dark energy, and the accelerating Universe[J]. Physics Today, 2003, 56: 53.

[216] Weinberg S. Cosmology[M]. OUP Oxford, 2008: 366.

[217] CASIMIR H. On the attraction between two perfectly conducting plates[J]. Proc. Kon. Ned. Akad. Wetensch. B, 1948, 51: 793.

[218] JAFFE L R. Casimir effect and the quantum vacuum[J]. Physical Review D, 2005, 72: 021301.

[219] LAMOREAUX K S. Demonstration of the Casimir force in the 0.6 to 6 mm range[J]. Physical Review Letterer, 1997, 78: 5-8.

[220] MOHIDEEN U, ROY A. Precision measurement of the casimir force from 0.1 to

0. 9μm[J]. Physical Review Letter, 1998, 81: 4549.

[221] BRESSI G, CARUGNO G, ONOFRIO R, et al. Measurement of the Casimir force between parallel metallic surfaces[J]. Physical Review Letter, 2002, 88: 041804.

[222] DORRONSORO D J, HALLIWELL J J, HARTLE J B, et al. Real no-boundary wave function in Lorentzian quantum cosmology[J]. Physical Review D, 2017, 96(4): 043505.

[223] HE D, GAO D, CAI Q. Dynamical interpretation of the wavefunction of the universe[J]. Physics Letters B, 2015, 748: 361-365.

[224] HE D, CAI Q. Inflation of small true vacuum bubble by quantization of Einstein-Hilbert action[J]. Science China Physics, Mechanics & Astronomy, 2015, 58(7): 1-10.

[225] FARAG A A, DAS S. Cosmology from quantum potential[J]. Physics Letters B, Elsevier B. V., 2015, 741: 276-279.

[226] VIEIRA S H, BEZERRA V B. Class of solutions of the Wheeler-DeWitt equation in the Friedmann-Robertson-Walker universe[J]. Physical Review D, 2016, 94(2): 023511.

[227] DAS S. Quantum Raychaudhuri equation[J]. Physical Review D, 2014, 89(8): 084068.